JN273602

秦野 透 著

数III
攻略
精選問題集 40

技術評論社

目 次

はじめに ……… 4

■ 問題編 ■

第1章　複素数平面 ……… 6
第2章　2次曲線 ……… 8
第3章　関数 ……… 10
第4章　数列の極限 ……… 12
第5章　関数の極限 ……… 14
第6章　微分法 ……… 16
第7章　積分法 ……… 18
第8章　微積分総合 ……… 22

■ 問題解答編 ■

第1章　複素数平面 ……… 26
第2章　2次曲線 ……… 38
第3章　関数 ……… 46
第4章　数列の極限 ……… 54
第5章　関数の極限 ……… 62
第6章　微分法 ……… 70
第7章　積分法 ……… 78
第8章　微積分総合 ……… 94

問題のテーマ一覧 ……… 107

著者プロフィール ……… 111

（注意）
問題の文中に，ア，イ，ウ，…という空欄が出てきた場合は，その空欄に当てはまる式または数値を答えること．

はじめに

　この問題集は，数学Ⅲの大学入試における標準レベルの問題への対応力の養成を目的として作られたもので，厳選された40題が掲載されています．

　問題編には，この40題が解答目安時間とともに掲載されていますので，それを参考にして問題演習に取り組んでください．なお，この40題の中には過去に大学入試で実際に出題された問題も多く含まれており，そのような問題には出題された大学と出題された年が記されています．ただし，実際に出題された大学入試問題の数値などを少し変えて掲載している問題もあり，そのような問題には出題された大学の名称の隣に（改）と記しています．ただ問題演習を行うためだけでなく，実際の大学入試問題に触れる機会としても，この問題集を活用してもらいたいと思います．

　解答編には，この40題の解答が掲載されています．それぞれの問題に対して，何を学んでほしいかというテーマも記していますので，解答をただ眺めるだけではなく，その問題を解く際の着眼点も確認しておきましょう．巻末にはこの40題のテーマがまとめて掲載されていますので，それぞれの問題で定着させておくべき事柄をまとめて確認する際に役立ててください．

　この問題集が皆さんの数学の学習の一助となることを願っています．

　　2014年8月

　　　　　　　　　　　　　　　　　　　　　　　　　　　　　　　　秦野 透

〈問題編〉

第1章　複素数平面

第2章　2次曲線

第3章　関数

第4章　数列の極限

第5章　関数の極限

第6章　微分法

第7章　積分法

第8章　微積分総合

(注意)
　問題の文中に，ア，イ，ウ，…という空欄が出てきた場合は，その空欄に当てはまる式または数値を答えること．

第1章 複素数平面

1【解答目安時間 10分】2004. 津田塾大

$\alpha = \sqrt{\dfrac{\sqrt{2}+1}{2}}$, $\beta = \sqrt{\dfrac{\sqrt{2}-1}{2}}$ のとき複素数 $\left(\dfrac{\alpha+i\beta}{\alpha-i\beta}\right)^{2004}$ の値を計算せよ.

2【解答目安時間 15分】1999. 早稲田大

複素数平面上で,A(α),B(β) は $\alpha^2+\beta^2=\alpha\beta$,$|\alpha-\beta|=3$ を満たすO(0) と異なる複素数を表す点とする.
(1) $\dfrac{\alpha}{\beta}$ を求めよ.
(2) α の絶対値を求めよ.
(3) △OAB の面積を求めよ.

3【解答目安時間 20分】2004. 岐阜大

絶対値が1である複素数 z と正の整数 n が,$z^n-z+1=0$ を満たしているとする.i を虚数単位とする.
(1) $|z-1|$ を求めよ.
(2) z は $z=\dfrac{1+\sqrt{3}\,i}{2}$ または $z=\dfrac{1-\sqrt{3}\,i}{2}$ に限られることを証明せよ.
(3) n を6で割ったときの余りは2に限られることを証明せよ.

4 【解答目安時間 20分】

複素数平面上で，原点を中心とする半径 2 の円の点 $2i$ を除いた部分を C とする．C 上を動く点 $P(z)$ に対して，
$$w = \frac{4i}{z - 2i} \cdots (*)$$
により定まる点 $Q(w)$ が描く図形を求めよ．

5 【解答目安時間 20分】

z は次の（条件）を満たしている．

　　（条件）　z は虚数であり，かつ，$\dfrac{z}{z^2+1}$ は実数である．

複素数平面上において，点 $P(z)$ が描く図形を求めよ．

6 【解答目安時間 25分】 2003. 東京大

O を原点とする複素数平面上で 6 を表す点を A，$7+7i$ を表す点を B とする．ただし，i は虚数単位である．正の実数 t に対し，
$$\frac{14(t-3)}{(1-i)t - 7}$$
を表す点 P をとる．
(1)　$\angle APB$ を求めよ．
(2)　線分 OP の長さが最大になる t の値を求めよ．

第2章 2次曲線

1【解答目安時間 20分】1996.早稲田大

座標平面上に，原点を中心とする半径3の円Aと，点$(-1, 0)$を中心とする半径1の円Bがある．円Aと内接し，円Bと外接する円の中心が描く軌跡を求めよ．

2【解答目安時間 25分】2005.香川大(改)

曲線$C: \dfrac{x^2}{a^2} - \dfrac{y^2}{b^2} = 1$上の点$P(x_1, y_1)$におけるこの曲線の接線を$l$とする．直線$l$と曲線$C$の2つの漸近線との交点をそれぞれA，Bとし，原点をOとする．また，線分OPを直径とする円と曲線Cの2つの漸近線との交点をそれぞれQ, Rとする．ただし，a, bは正の定数とする．
(1) 直線lの方程式を求めよ．
(2) 点$P(x_1, y_1)$は線分ABの中点であることを示せ．
(3) △OABの面積は点$P(x_1, y_1)$の位置によらず一定であることを示せ．

3【解答目安時間 20分】

放物線 $C: y = \dfrac{x^2}{4}$ の焦点を F, 準線を l とし, C 上に点 $P(2p, p^2)$ をとる. C の点 P における接線を l_p とし, l_p と y 軸の交点を Q とする.

(1) 点 F の座標と l の方程式を求めよ.
(2) 点 Q の座標を p を用いて表せ.
(3) y 軸に平行で点 P を通る直線と l の交点を R とする. 直線 PR と l_p のなす角の大きさを θ とするとき, $\angle$FPQ の大きさを θ を用いて表せ. ただし, $0 \leq \theta \leq \dfrac{\pi}{2}$ とする.

4【解答目安時間 20分】2000. 静岡大

楕円 $\dfrac{x^2}{9} + \dfrac{y^2}{4} = 1$ 上の 2 点 P, Q が $\angle$POQ $= 90°$ を満たしながら動くとき, 次の問いに答えよ. ただし, O は原点である.

(1) $\dfrac{1}{\text{OP}^2} + \dfrac{1}{\text{OQ}^2}$ の値は一定であることを示せ.
(2) O から線分 PQ に下ろした垂線の足を R とする. 線分 OR の長さは一定であることを示せ.

第3章　関数

1【解答目安時間　10分】2004. 摂南大

不等式 $-\sqrt{x+2} \geqq x-4$ を解け．

2【解答目安時間　15分】1998. 九州共立大（改）

関数 $y=f(x)=\dfrac{2x+c}{ax+b}$ のグラフが点 $\left(-2,\dfrac{9}{5}\right)$ を通り，かつ $x=-\dfrac{1}{3}$，$y=\dfrac{2}{3}$ を漸近線にもつとする．

(1) 定数 a, b, c の値は $a=\boxed{\text{ア}}$, $b=\boxed{\text{イ}}$, $c=\boxed{\text{ウ}}$ である．

(2) 関数 $y=f(x)$ の値域が $\{y|y\geqq 1\}$ となるとき，$f(x)$ の定義域は

$$\left\{x \;\middle|\; \boxed{\text{エ}} \leqq x < \dfrac{\boxed{\text{オ}}}{3}\right\}$$

である．

3 【解答目安時間　15分】2003. 芝浦工業大

$y = f_1(x) = (x-2)^2 \ (x \geq 2)$ の逆関数は $y = f_2(x) = \boxed{ア}$ であり，x 軸，y 軸，$y = f_1(x)$ および $y = f_2(x)$ で囲まれる図形の面積は $\boxed{イ}$ である．

4 【解答目安時間　25分】2004. 東京大

関数 $f(x)$, $g(x)$, $h(x)$ を次のように定める．
$$f(x) = x^3 - 3x, \quad g(x) = \{f(x)\}^3 - 3f(x), \quad h(x) = \{g(x)\}^3 - 3g(x).$$

(1)　a を実数とする．$f(x) = a$ を満たす実数 x の個数を求めよ．

(2)　$g(x) = 0$ を満たす実数 x の個数を求めよ．

(3)　$h(x) = 0$ を満たす実数 x の個数を求めよ．

第4章 数列の極限

1 【解答目安時間 20分】

数列 $\{a_n\}$, $\{b_n\}$ について，次の命題の真偽を述べよ．さらに，真であるものには証明を記し，偽であるものには反例をあげよ．

(1) $\displaystyle\lim_{n\to\infty} a_n = \infty$ かつ $\displaystyle\lim_{n\to\infty} b_n = \infty$ ならば $\displaystyle\lim_{n\to\infty} \frac{a_n}{b_n} = 1$.

(2) $\displaystyle\lim_{n\to\infty} a_n = \infty$ かつ $\displaystyle\lim_{n\to\infty} b_n = \infty$ ならば $\displaystyle\lim_{n\to\infty} (a_n - b_n) = 0$.

(3) $\displaystyle\lim_{n\to\infty} a_n = 0$ かつ $\displaystyle\lim_{n\to\infty} b_n = \infty$ ならば $\displaystyle\lim_{n\to\infty} a_n b_n = 0$.

(4) $\displaystyle\lim_{n\to\infty} (a_n + b_n)$, $\displaystyle\lim_{n\to\infty} (a_n - b_n)$ がともに収束するならば，$\displaystyle\lim_{n\to\infty} a_n$, $\displaystyle\lim_{n\to\infty} b_n$ はいずれも収束する．

(5) p, q を定数とし，$p \neq 0$ とする．このとき，$\displaystyle\lim_{n\to\infty}(pn+q)a_n$ が収束するならば，$\displaystyle\lim_{n\to\infty} na_n$ は収束する．

2 【解答目安時間 15分】

$a_n = \dfrac{\cos^{2n+2} x}{\sin^{2n+1} x + \cos^{2n} x}$ $(n=1, 2, 3, \cdots)$ で定められた数列 $\{a_n\}$ に対して，$\displaystyle\lim_{n\to\infty} a_n$ を求めよ．ただし，x は $0 \leq x \leq \pi$ を満たす定数である．

3 【解答目安時間　20分】2008.青山学院大

辺の長さが1の正三角形 ABC に対して，円 S_1, S_2, S_3, … を次のように定める．

(A)　△ABC に内接する円を S_1 とする．
(B)　線分 AB，線分 AC と円 S_1 に接する円を S_2 とする．
(C)　線分 AB，線分 AC と円 S_2 に接する円で S_1 以外のものを S_3 とする．
(D)　線分 AB，線分 AC と円 S_3 に接する円で S_2 以外のものを S_4 とする．
(E)　以下同様に円 S_5, S_6, … を定める．

(1)　円 S_1 の面積 m_1 を求めよ．
(2)　円 S_2 の面積 m_2 を求めよ．
(3)　円 S_n ($n=1, 2, 3, \cdots$) の面積を m_n とするとき，級数 $\sum_{n=1}^{\infty} m_n$ の和を求めよ．

4 【解答目安時間　25分】2009.同志社大（改）

$a_1 > 4$ として，漸化式 $a_{n+1} = \sqrt{a_n + 12}$ で定められる数列 $\{a_n\}$ を考える．

(1)　$n = 1, 2, 3, \cdots$ に対して，不等式 $a_n > 4$ が成り立つことを示せ．
(2)　$n = 1, 2, 3, \cdots$ に対して，不等式 $a_{n+1} - 4 < \dfrac{1}{8}(a_n - 4)$ が成り立つことを示せ．
(3)　$\lim_{n \to \infty} a_n$ を求めよ．

第5章 関数の極限

1 【解答目安時間　10分】2013.津田塾大

極限値 $\displaystyle\lim_{x\to 0}\frac{x(e^{3x}-1)}{1-\cos x}$ を求めよ．

2 【解答目安時間　20分】2003.芝浦工業大

面積1の円 C に内接する正三角形に更に内接する円の面積は $S_3=\boxed{ア}$ である．同様に，C に内接する正方形に内接する円の面積は $S_4=\boxed{イ}$ である．一般に，C に内接する正 n 角形に内接する円の面積は，n を用いて $S_n=\boxed{ウ}$ とかける．また，$\displaystyle\lim_{n\to\infty}n^2(1-S_n)=\boxed{エ}$ である．

3 【解答目安時間　20分】2002.大阪市立大

次の極限が有限の値となるように定数 a, b を定め，そのときの極限値を求めよ．
$$\lim_{x \to 0} \frac{\sqrt{9 - 8x + 7\cos 2x} - (a + bx)}{x^2}.$$

4 【解答目安時間　20分】2005.鳥取大（改）

$a > 0$ とする．関数 $f(x) = \lim_{n \to \infty} \dfrac{ax^{2n-1} - x^2 + bx + c}{x^{2n} + 1}$ が x の連続関数となるための定数 a, b, c の条件を求めよ．

第6章　微分法

1 【解答目安時間　15分】2002.関西大

曲線 $y=xe^x$ 上の点 (t, te^t) における接線の方程式は $y=$ □ア□ である．また，点 $(a, 0)$ を通り，曲線 $y=xe^x$ に接する直線を引くことができるのは，a が □イ□ の範囲にあるときである．

2 【解答目安時間　25分】

k を実数の定数とし，$f(x)=e^x-(k-3)x-4\log(e^x+1)$ とする．
(1) x の方程式 $f'(x)=0$ の実数解の個数を k の値の範囲で分類して求めよ．
(2) $f(x)$ の極大値の個数を k の値の範囲で分類して求めよ．

3 【解答目安時間　20分】2009.鳥取大（改）
自然対数の底 e と円周率 π について，e^π と π^e の大小を比較せよ．ただし，$2<e<3<\pi<4$ であることは利用してよい．

4 【解答目安時間　25分】2014.東京工業大
$a>1$ とし，次の不等式を考える．
$$(*)\quad \frac{e^t-1}{t} \geqq e^{\frac{t}{a}}.$$
(1) $a=2$ のとき，すべての $t>0$ に対して上の不等式 $(*)$ が成り立つことを示せ．
(2) すべての $t>0$ に対して上の不等式 $(*)$ が成り立つような a の値の範囲を求めよ．

第7章 積分法

1 【解答目安時間 25分】 2005. 名古屋大

(1) 連続関数 $f(x)$ が，すべての実数 x について $f(\pi-x)=f(x)$ を満たすとき，$\int_0^{\pi}\left(x-\dfrac{\pi}{2}\right)f(x)dx=0$ が成り立つことを証明せよ．

(2) $\int_0^{\pi}\dfrac{x\sin^3 x}{4-\cos^2 x}dx$ を求めよ．

2 【解答目安時間 20分】

a を定数とする．x の方程式 $\sin 2x=2a\cos x$ が $0<x<\dfrac{\pi}{2}$ において解をもつような a の値の範囲は ア である．a が ア を満たすとき，2つの曲線

$$C_1:y=\sin 2x\left(0\leqq x\leqq\dfrac{\pi}{2}\right),\ C_2:y=2a\cos x\left(0\leqq x\leqq\dfrac{\pi}{2}\right),$$

および，y 軸で囲まれた部分の面積を S とする．$S=\dfrac{1}{3}$ となるような a の値は イ である．

3 【解答目安時間　20 分】2007. 奈良県立医科大（改）

(1) 定積分 $\displaystyle\int_0^{\frac{\pi}{2}} x^2 \cos x \, dx$ を求めよ．

(2) 線分 l，曲線 C を $l : y = \dfrac{2}{\pi}x \left(0 \leqq x \leqq \dfrac{\pi}{2}\right)$，$C : y = \sin x \left(0 \leqq x \leqq \dfrac{\pi}{2}\right)$ とする．線分 l と曲線 C とで囲まれた図形を x 軸を中心に 1 回転してできる立体の体積を V，y 軸を中心に回転してできる立体の体積を W とする．このとき，V と W の値を求めよ．

4 【解答目安時間　25 分】2002. 東京大

O を原点とする xyz 空間に点 $\mathrm{P}_k\left(\dfrac{k}{n}, 1-\dfrac{k}{n}, 0\right)$，$k = 0, 1, \cdots, n$ をとる．また z 軸上 $z \geqq 0$ の部分に，点 Q_k を線分 $\mathrm{P}_k\mathrm{Q}_k$ の長さが 1 になるようにとる．三角錐（すい）$\mathrm{OP}_k\mathrm{P}_{k+1}\mathrm{Q}_k$ の体積を V_k とおいて，$\displaystyle\lim_{n\to\infty}\sum_{k=0}^{n-1} V_k$ を求めよ．

第7章　積分法

5【解答目安時間　15分】2013. 早稲田大（改）

a, b を正の定数とする．$\int_0^{2\pi} |a\sin x + b\cos x|\,dx$ を求めよ．

6【解答目安時間　20分】2008. 群馬大（改）

a, b は定数，m, n は0以上の整数とし，$I(m, n) = \int_a^b (x-a)^m (x-b)^n \, dx$ とする．

(1)　$I(m, 0)$ を求めよ．
(2)　部分積分法を用いて，$I(m, n)$ を $I(m+1, n-1)$，m，n で表せ．
　　 ただし，n は1以上の整数とする．
(3)　$I(5, 3)$ の値を求めよ．

7【解答目安時間　20分】

n を正の整数とし，$I_n = \int_0^{\frac{\pi}{2}} \sin^n x \, dx$ とする．$I_1 = \boxed{\text{ア}}$，$I_2 = \boxed{\text{イ}}$ である．また，$\sin^{n+2} x = (\sin^{n+1} x) \cdot (\sin x)$ であることに着目して，I_{n+2} に部分積分法を適用すると，$I_{n+2} = \boxed{\text{ウ}} I_n$ となり，$I_5 = \boxed{\text{エ}}$，$I_6 = \boxed{\text{オ}}$ となる．

8【解答目安時間　20分】2014.大阪大

$\displaystyle\sum_{n=1}^{40000} \frac{1}{\sqrt{n}}$ の整数部分を求めよ．

第 8 章　微積分総合

1　【解答目安時間　25 分】1998. 筑波大

関数 $f(x) = \displaystyle\int_{x}^{2x+1} \dfrac{1}{t^2+1}\,dt$ について，次の問いに答えよ．

(1) $f(x) = 0$ となる x を求めよ．
(2) $f'(x) = 0$ となる x を求めよ．
(3) $f(x)$ の最大値を求めよ．

2　【解答目安時間　25 分】2009. 同志社大（改）

(1) 不定積分 $\displaystyle\int e^{-x}\sin x\,dx$ を求めよ．
(2) $n = 1, 2, 3, \cdots$ に対して，$(n-1)\pi \leqq x \leqq n\pi$ の範囲で，x 軸と曲線 $y = e^{-x}\sin x$ で囲まれる図形の面積を a_n とおく．a_n を n で表せ．

3　【解答目安時間　25 分】2014. 慶應義塾大

座標空間内の 3 点 A(1, 0, 1)，B(0, 2, 3)，C(0, 0, 3) と原点 O を頂点とする四面体 OABC について考える．

四面体 OABC を平面 $z = t\,(0 < t < 3)$ で切ったときの切り口の面積を $f(t)$ とする．$0 < t \leqq 1$ のとき $f(t) = \boxed{\text{ア}}$ である．また，$1 < t < 3$ のとき平面 $z = t$ と辺 AB の交点の座標は $\boxed{\text{イ}}$ となり，$f(t) = \boxed{\text{ウ}}$ となる．

次に，四面体 OABC において，2 つの平面 $z = t$ を $z = t+2\,(0 < t < 1)$ の間にはさまれた部分の体積を $g(t)$ とすると，その導関数は $g'(t) = \boxed{\text{エ}}$ であり，$g(t)$ は $t = \boxed{\text{オ}}$ のとき最大値をとる．

4 【解答目安時間　25分】

$I_n = \int_0^1 x^n e^{-x} \, dx \ (n=1, 2, 3, \cdots)$ とする.

(1) I_1 を求めよ. また, I_{n+1} を I_n, n を用いて表せ.

(2) $\lim_{n \to \infty} \dfrac{I_n}{n!} = 0$ を示せ.

(3) $\displaystyle\sum_{n=0}^{\infty} \dfrac{1}{n!}$ を求めよ.

5 【解答目安時間　25分】2005. 東京大

関数 $f(x)$ を $f(x) = \dfrac{1}{2}x\{1 + e^{-2(x-1)}\}$ とする. ただし, e は自然対数の底である.

(1) $x > \dfrac{1}{2}$ ならば $0 \leq f'(x) < \dfrac{1}{2}$ であることを示せ.

(2) x_0 を正の数とするとき, 数列 $\{x_n\}(n=0, 1, \cdots)$ を, $x_{n+1} = f(x_n)$ によって定める. $x_0 > \dfrac{1}{2}$ であれば, $\lim_{n \to \infty} x_n = 1$ であることを示せ.

6 【解答目安時間　20分】1997. 早稲田大

座標平面上の円 $C : x^2 + y^2 = 9$ の内側を半径 1 の円 D が滑らずに転がる. 時刻 t において D は点 $(3\cos t, 3\sin t)$ で C に接しているとする.

(1) 時刻 $t=0$ において点 $(3, 0)$ にあった D 上の点 P の時刻 t における座標 $(x(t), y(t))$ を求めよ. ただし, $0 \leq t \leq \dfrac{2\pi}{3}$ とする.

(2) $0 \leq t \leq \dfrac{2\pi}{3}$ の範囲で点 P の描く曲線の長さを求めよ.

〈問題解答編〉

- 第1章　複素数平面
- 第2章　2次曲線
- 第3章　関数
- 第4章　数列の極限
- 第5章　関数の極限
- 第6章　微分法
- 第7章　積分法
- 第8章　微積分総合

1 【解答目安時間 10分】2004. 津田塾大

$\alpha = \sqrt{\dfrac{\sqrt{2}+1}{2}}$, $\beta = \sqrt{\dfrac{\sqrt{2}-1}{2}}$ のとき複素数 $\left(\dfrac{\alpha+i\beta}{\alpha-i\beta}\right)^{2004}$ の値を計算せよ．

▶ 解答 ◀

$\alpha = \sqrt{\dfrac{\sqrt{2}+1}{2}}$, $\beta = \sqrt{\dfrac{\sqrt{2}-1}{2}}$ より，$\alpha\beta = \sqrt{\dfrac{\sqrt{2}+1}{2} \cdot \dfrac{\sqrt{2}-1}{2}} = \dfrac{1}{2}$.

また，$\alpha^2 = \dfrac{\sqrt{2}+1}{2}$, $\beta^2 = \dfrac{\sqrt{2}-1}{2}$ なので，$\alpha^2 + \beta^2 = \sqrt{2}$, $\alpha^2 - \beta^2 = 1$.

したがって，

$$\begin{aligned}
\dfrac{\alpha+i\beta}{\alpha-i\beta} &= \dfrac{(\alpha+i\beta)^2}{(\alpha-i\beta)(\alpha+i\beta)} \\
&= \dfrac{(\alpha^2-\beta^2)+2\alpha\beta i}{\alpha^2+\beta^2} \\
&= \dfrac{1+2\cdot\dfrac{1}{2}i}{\sqrt{2}} \\
&= \dfrac{1}{\sqrt{2}} + \dfrac{1}{\sqrt{2}}i \\
&= \cos\dfrac{\pi}{4} + i\sin\dfrac{\pi}{4}.
\end{aligned}$$

ド・モアブルの定理より，

$$\left(\cos\dfrac{\pi}{4} + i\sin\dfrac{\pi}{4}\right)^4 = \cos\left(\dfrac{\pi}{4}\cdot 4\right) + i\sin\left(\dfrac{\pi}{4}\cdot 4\right) = \cos\pi + i\sin\pi = -1$$

であるから，

$$\begin{aligned}
\left(\dfrac{\alpha+i\beta}{\alpha-i\beta}\right)^{2004} &= \left(\cos\dfrac{\pi}{4} + i\sin\dfrac{\pi}{4}\right)^{2004} \\
&= \left\{\left(\cos\dfrac{\pi}{4} + i\sin\dfrac{\pi}{4}\right)^4\right\}^{501} \\
&= (-1)^{501} \\
&= \boldsymbol{-1}. \qquad \cdots（答）
\end{aligned}$$

複素数平面

> **本問のテーマ**
>
> 　本問は「ド・モアブルの定理により複素数の整数乗の値を求めることができるか」を確認する問題である．
> 　「複素数を極形式表示し，ド・モアブルの定理を利用することで，その複素数の整数乗の値を求める」という方法が定着しているかを確認しておこう．

（補足）　$\alpha,\ \beta$ の値がいずれも二重根号で表されているので，**解答**のように分母を有理化することで，$\dfrac{\alpha+i\beta}{\alpha-i\beta}$ の計算の道筋が見えてくることも確認しておこう．

（補足）　**解答**では，$\left(\cos\dfrac{\pi}{4}+i\sin\dfrac{\pi}{4}\right)^{2004}$ を $\left\{\left(\cos\dfrac{\pi}{4}+i\sin\dfrac{\pi}{4}\right)^{4}\right\}^{501}$ と変形して計算しているが，

$$\begin{aligned}\left(\cos\dfrac{\pi}{4}+i\sin\dfrac{\pi}{4}\right)^{2004} &= \cos\left(\dfrac{\pi}{4}\cdot 2004\right)+i\sin\left(\dfrac{\pi}{4}\cdot 2004\right) \\ &= \cos 501\pi + i\sin 501\pi \\ &= -1\end{aligned}$$

と計算してもかまわない．

第1章　複素数平面

2【解答目安時間　15分】1999.早稲田大

複素数平面上で，$A(\alpha)$，$B(\beta)$ は $\alpha^2+\beta^2=\alpha\beta$，$|\alpha-\beta|=3$ を満たす $O(0)$ と異なる複素数を表す点とする．

(1) $\dfrac{\alpha}{\beta}$ を求めよ．

(2) α の絶対値を求めよ．

(3) $\triangle OAB$ の面積を求めよ．

▶解答◀

(1)　$\alpha^2+\beta^2=\alpha\beta$ より，$\alpha^2-\alpha\beta+\beta^2=0$．

$\beta\neq 0$ より，$\beta^2\neq 0$ なので，両辺を β^2 で割って，$\left(\dfrac{\alpha}{\beta}\right)^2-\dfrac{\alpha}{\beta}+1=0$．

したがって，$\dfrac{\alpha}{\beta}=\dfrac{1\pm\sqrt{3}\,i}{2}$．　　　　　　　　　　…(答)

(2)　(1)より，$\dfrac{\alpha}{\beta}=\cos\left(\pm\dfrac{\pi}{3}\right)+i\sin\left(\pm\dfrac{\pi}{3}\right)$（複号同順）．

これより，$\alpha=\beta\left\{\cos\left(\pm\dfrac{\pi}{3}\right)+i\sin\left(\pm\dfrac{\pi}{3}\right)\right\}$（複号同順）．

よって，点 A は，点 B を原点を中心として $\dfrac{\pi}{3}$ だけ回転した点，または，$-\dfrac{\pi}{3}$ だけ回転した点であるから，$OA=OB$，$\angle AOB=\dfrac{\pi}{3}$ である．

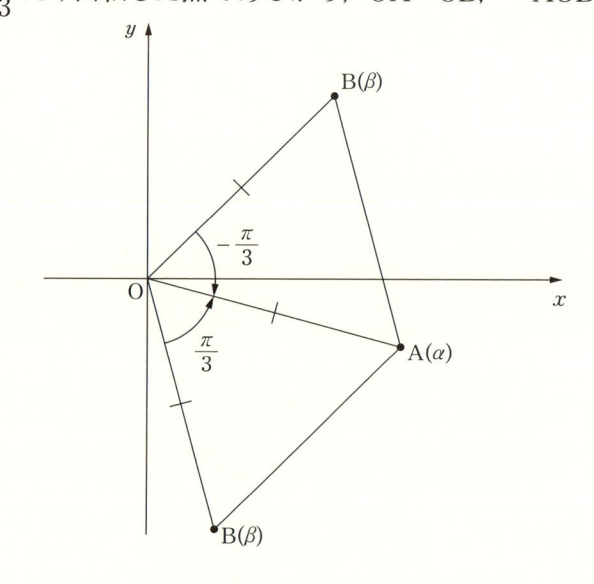

したがって，△OAB は正三角形であり，$|\alpha - \beta| = 3$ より BA = 3 であるから，1 辺の長さは 3 である．

このことと，$|\alpha| = $ OA より，$|\alpha| = 3$.   …(答)

(3) (2)より，△OAB は1辺の長さが3の正三角形であるから，△OAB の面積は，$\dfrac{1}{2} \cdot 3 \cdot 3 \cdot \sin \dfrac{\pi}{3} = \dfrac{1}{2} \cdot 3 \cdot 3 \cdot \dfrac{\sqrt{3}}{2} = \dfrac{9\sqrt{3}}{4}$.   …(答)

> **本問のテーマ**
>
> 本問は「複素数についての等式から，複素数平面上における点の位置関係を把握できるか」を確認する問題である．
>
> $$\alpha = \beta \left\{ \cos\left(\pm \dfrac{\pi}{3} \right) + i \sin\left(\pm \dfrac{\pi}{3} \right) \right\} \text{（複号同順）}$$ から
>
> $$\text{OA} = \text{OB}, \quad \angle \text{AOB} = \dfrac{\pi}{3}$$
>
> となり，$|\alpha - \beta| = 3$ から BA = 3 となる．
>
> 以上のことに着目して，△OAB の形状が把握できたかを確認しておこう．

(補足) (1)において，$\alpha^2 - \alpha\beta + \beta^2 = 0 \cdots (*)$ の両辺を β^2 で割ることで，$\dfrac{\alpha}{\beta}$ についての2次方程式が得られ，これにより $\dfrac{\alpha}{\beta}$ が求められる．

(*)の左辺のように，すべての項の次数が2である α と β についての多項式は，(1)のように，$\dfrac{\alpha}{\beta}$ についての式として扱うことで，その後の処理が円滑に進むことがある．

3 【解答目安時間 20分】 2004. 岐阜大

絶対値が1である複素数zと正の整数nが，$z^n - z + 1 = 0$ を満たしているとする．i を虚数単位とする．

(1) $|z-1|$ を求めよ．
(2) z は $z = \dfrac{1+\sqrt{3}\,i}{2}$ または $z = \dfrac{1-\sqrt{3}\,i}{2}$ に限られることを証明せよ．
(3) n を6で割ったときの余りは2に限られることを証明せよ．

▶ 解答 ◀

(1)　$|z| = 1$ であるから，$|z^n| = |z|^n = 1^n = 1$.
　　また，$z^n - z + 1 = 0$ より，$z^n = z - 1$ であるから，$|z^n| = |z-1|$.
　　したがって，$|z-1| = \mathbf{1}$. 　…(答)

(2)（証明）
　$|z| = 1$ より，$z = \cos\theta + i\sin\theta \cdots (*)$ （ただし，$-\pi \leqq \theta < \pi$）と表せる．
　これより，$z - 1 = (\cos\theta - 1) + i\sin\theta$.
　(1) より，$|z-1| = 1$ であるから，$|z-1|^2 = 1$ なので，
$$(\cos\theta - 1)^2 + (\sin\theta)^2 = 1.$$
$$(\cos^2\theta - 2\cos\theta + 1) + \sin^2\theta = 1.$$
$$2 - 2\cos\theta = 1.$$
$$\cos\theta = \frac{1}{2}.$$
　$-\pi \leqq \theta < \pi$ より，$\theta = -\dfrac{\pi}{3},\ \dfrac{\pi}{3}$.
　このことと $(*)$ より，$z = \cos\dfrac{\pi}{3} + i\sin\dfrac{\pi}{3},\ \cos\left(-\dfrac{\pi}{3}\right) + i\sin\left(-\dfrac{\pi}{3}\right)$,
　すなわち，$z = \dfrac{1+\sqrt{3}\,i}{2},\ \dfrac{1-\sqrt{3}\,i}{2}$ となる．
　したがって，z は $z = \dfrac{1+\sqrt{3}\,i}{2}$ または $z = \dfrac{1-\sqrt{3}\,i}{2}$ に限られる．

（証明終）

(3)（証明）
　(2) より，$z = \cos\dfrac{\pi}{3} + i\sin\dfrac{\pi}{3}$ または $z = \cos\left(-\dfrac{\pi}{3}\right) + i\sin\left(-\dfrac{\pi}{3}\right)$ である．

（ア）　$z = \cos\dfrac{\pi}{3} + i\sin\dfrac{\pi}{3}$ のとき．
　　$z^n - z + 1 = 0$ より，$z^n = z - 1$ であるから，

$$\left(\cos\frac{\pi}{3}+i\sin\frac{\pi}{3}\right)^n = \left(\cos\frac{\pi}{3}+i\sin\frac{\pi}{3}\right)-1.$$

$$\cos\frac{n}{3}\pi+i\sin\frac{n}{3}\pi = -\frac{1}{2}+\frac{\sqrt{3}}{2}i.$$

$$\cos\frac{n}{3}\pi+i\sin\frac{n}{3}\pi = \cos\frac{2}{3}\pi+i\sin\frac{2}{3}\pi.$$

両辺の偏角を比較すると, $\dfrac{n}{3}\pi = \dfrac{2}{3}\pi + 2k\pi$ (k は整数).

これより, $n=6k+2$ となるので, n を 6 で割ると 2 余る.

(イ) $z=\cos\left(-\dfrac{\pi}{3}\right)+i\sin\left(-\dfrac{\pi}{3}\right)$ のとき.

$z^n-z+1=0$ より, $z^n=z-1$ であるから,

$$\left\{\cos\left(-\frac{\pi}{3}\right)+i\sin\left(-\frac{\pi}{3}\right)\right\}^n = \left\{\cos\left(-\frac{\pi}{3}\right)+i\sin\left(-\frac{\pi}{3}\right)\right\}-1.$$

$$\cos\left(-\frac{n}{3}\pi\right)+i\sin\left(-\frac{n}{3}\pi\right) = -\frac{1}{2}-\frac{\sqrt{3}}{2}i.$$

$$\cos\left(-\frac{n}{3}\pi\right)+i\sin\left(-\frac{n}{3}\pi\right) = \cos\left(-\frac{2}{3}\pi\right)+i\sin\left(-\frac{2}{3}\pi\right).$$

両辺の偏角を比較すると, $-\dfrac{n}{3}\pi = -\dfrac{2}{3}\pi + 2\ell\pi$ (ℓ は整数).

これより, $n=6\cdot(-\ell)+2$ となるので, n を 6 で割ると 2 余る.

(ア), (イ) より, n を 6 で割ったときの余りは 2 に限られる.

(証明終)

> **本問のテーマ**
>
> 　本問は「絶対値や偏角に着目して, 複素数についての方程式にアプローチできるか」を確認する問題である.
>
> 　$z^n=z-1$ において, 両辺の絶対値を比較することで(1)が解決でき, 両辺の偏角を比較することで(3)の解決の糸口が見えてくることを確認しておこう.

(補足) 　複素数 α, β に対して, $|\alpha||\beta|=|\alpha\beta|$ となることから, $|z^n|=|z|^n$ (n は正の整数) が成り立つ. (1)ではこれを利用して, $|z^n|=1$ を導いている.

　また, (2)で z の偏角 θ を $-\pi \leq \theta < \pi$ の範囲で定めているのは, (3)の解決をスムーズに図るためである.

4 【解答目安時間 20分】

複素数平面上で，原点を中心とする半径 2 の円の点 $2i$ を除いた部分を C とする．C 上を動く点 $P(z)$ に対して，
$$w = \frac{4i}{z-2i} \cdots (*)$$
により定まる点 $Q(w)$ が描く図形を求めよ．

▶ 解答 ◀

点 $P(z)$ は C 上を動くので，$|z|=2 \cdots ①$ かつ $z \neq 2i \cdots ②$．
$(*)$ より，
$$w(z-2i) = 4i.$$
$$wz = 2i(w+2) \cdots (*)'.$$

(ア) $w \neq 0$ のとき．
$(*)'$ より，$z = \dfrac{2i(w+2)}{w} \cdots (*)''$．

$(*)''$ と①より，
$$\left|\frac{2i(w+2)}{w}\right| = 2.$$
$$\frac{|2i(w+2)|}{|w|} = 2.$$
$$|2i(w+2)| = 2|w|.$$
$$|2i||w+2| = 2|w|.$$
$$2|w+2| = 2|w|.$$
$$|w+2| = |w|.$$

これを満たす w は，$w \neq 0$ を満たしている．
また，$w \neq 0$ を満たすすべての w に対して $(*)''$ かつ②は成り立つ．
以上のことから，点 $Q(w)$ は 2 点 $-2, 0$ を結ぶ線分の垂直二等分線を描く．

(イ) $w = 0$ のとき．
$(*)'$ を満たす z は存在しないので，点 0 は点 $Q(w)$ が描く図形上にない．

(ア)，(イ) より，点 $Q(w)$ が描く図形は，**2 点 $-2, 0$ を結ぶ線分の垂直二等分線**である． ⋯(答)

> **本問のテーマ**
>
> 　本問は「ある図形上を動く点 P(z) があるとき，それにともなって動く点 Q(w) が描く図形を把握できるか」を確認する問題である．
> 　解法の手順を大まかに記すと，
> 　　（Ⅰ）　z が満たす条件（本問では①，②）を立式する，
> →　（Ⅱ）　w と z の関係を表す等式（本問では（*））を z について解く，
> →　（Ⅲ）　（Ⅱ）で z について解いた等式を，（Ⅰ）で立式した式に代入する，
> →　（Ⅳ）　（Ⅲ）で得た式を整理して，w について成り立つ等式を導く，
> となる．（Ⅲ）において，z を消去して w についての等式を得ることが解決の糸口となる．
> 　なお，分母が 0 であるような分数は定義されないので，本問においては，（Ⅱ）の段階で $w \neq 0$ のときと $w = 0$ のときに場合分けをしないといけないことも確認しておこう．さらに，本問の $w \neq 0$ の場合で，（Ⅳ）を行う際に，複素数の絶対値の性質を用いて式を整理していることも確認しておこう．

（補足）　そもそも，点 Q(w) は点 P(z) によって定められる点であるから，「本問で求める図形とはどのような図形か？」という問いかけに答えるならば，「①かつ②かつ（*）を満たす複素数 z が存在するような点 w の集合」となる．このことから，実際のところ，本問の**解答**で求めているものは，「①かつ②かつ（*）を満たす複素数 z が存在するような w の条件」なのである．それを求める手順のみを抜き出すと，「本問のテーマ」の（Ⅰ）から（Ⅳ）に記したようになるが，根本的には，z の方程式（*）が解をもち，その解が①，②をともに満たすための w の条件を求めることが本問で要求されていることであり，この観点で**解答**の内容を確認することができて，はじめて本問を理解したといえるであろう．

5 【解答目安時間 20分】

z は次の（条件）を満たしている．

（条件） z は虚数であり，かつ，$\dfrac{z}{z^2+1}$ は実数である．

複素数平面上において，点 $P(z)$ が描く図形を求めよ．

▶ 解答 ◀

$z^2+1 \neq 0$ であるから，$z \neq i$ かつ $z \neq -i$ …①．

$\dfrac{z}{z^2+1}$ が実数であることから，

$$\frac{z}{z^2+1} = \overline{\left(\frac{z}{z^2+1}\right)}.$$

$$\frac{z}{z^2+1} = \frac{\bar{z}}{(\bar{z})^2+1}.$$

$$z\{(\bar{z})^2+1\} = \bar{z}(z^2+1).$$

$$z(\bar{z})^2 + z = \bar{z}z^2 + \bar{z}.$$

$$|z|^2\bar{z} + z = |z|^2 z + \bar{z}.$$

$$|z|^2 z - |z|^2 \bar{z} - z + \bar{z} = 0.$$

$$|z|^2(z-\bar{z}) - (z-\bar{z}) = 0.$$

$$(|z|^2-1)(z-\bar{z}) = 0.$$

z は虚数であるから，$z \neq \bar{z}$ なので，$|z|^2 = 1$．

さらに，$|z| \geq 0$ であるから，$|z|=1$ …②．

また，z は虚数であるから，$z \neq 1$ かつ $z \neq -1$ …③．

①，②，③より，点 $P(z)$ が描く図形は，**原点を中心とする半径 1 の円の，4 点 $1, i, -1, -i$ を除いた部分**である． …（答）

複素数平面

> **本問のテーマ**
>
> 　本問は「絶対値や共役な複素数の性質を活用して，複素数が実数となる条件を求めることができるか」を確認する問題である．
>
> 　複素数 z に対して，z が実数であるための条件が $z=\bar{z}$ であることから，②，③ が導かれる．② を導く過程においては，絶対値と共役な複素数の間に成り立つ関係式 $|z|^2=z\bar{z}$ を利用したり，因数分解をしたりと，細かい作業をしていることも確認しておこう．

(補足)　分母が 0 である分数は定義されないことから，z は ① を満たさないといけない．さらに，z が虚数であることから，z は，①，② だけでなく，③ も満たさないといけない．このように，② 以外にも z が満たすべき条件があることに注意しよう．

6【解答目安時間　25分】2003. 東京大

O を原点とする複素数平面上で 6 を表す点を A, $7+7i$ を表す点を B とする．ただし，i は虚数単位である．正の実数 t に対し，
$$\frac{14(t-3)}{(1-i)t-7}$$
を表す点 P をとる．

(1)　∠APB を求めよ．

(2)　線分 OP の長さが最大になる t の値を求めよ．

▶解答◀

(1)
$$\frac{(7+7i)-\dfrac{14(t-3)}{(1-i)t-7}}{6-\dfrac{14(t-3)}{(1-i)t-7}} = \frac{(7+7i)\{(1-i)t-7\}-14(t-3)}{6\{(1-i)t-7\}-14(t-3)}$$

$$= \frac{-7(1-7i)}{-2t(4+3i)}$$

$$= \frac{7}{2t}(1+i)$$

$$= \frac{7}{\sqrt{2}\,t}\left(\cos\frac{\pi}{4}+i\sin\frac{\pi}{4}\right)\cdots ①.$$

このことと，$t>0$ より，$\angle\mathrm{APB}=\dfrac{\pi}{4}$．　　　…(答)

(2)　$\dfrac{7+7i}{6}=\dfrac{7\sqrt{2}}{6}\left(\cos\dfrac{\pi}{4}+i\sin\dfrac{\pi}{4}\right)\cdots ②$ より，$\angle\mathrm{AOB}=\dfrac{\pi}{4}$．

ここで，3 点 O, A, B を通る円を C とすると，(1) の①，および，②より，点 P は C の点 O を含む方の弧 AB の両端を除いた部分にある．

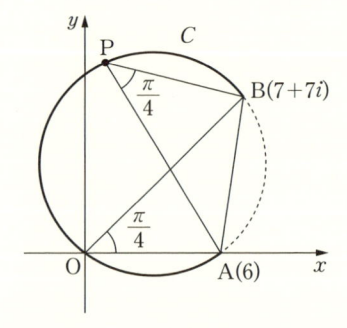

よって，線分 OP の長さは C の直径以下である．…(＊)

ここで，C の中心を K とし，点 K を表す複素数を z とすると，点 A を点 K を中心として $\dfrac{\pi}{2}$ だけ回転した点が B であるから，

$$\dfrac{(7+7i)-z}{6-z} = \cos\dfrac{\pi}{2} + i\sin\dfrac{\pi}{2}.$$

$$(7+7i) - z = i(6-z).$$

$$z = 3 + 4i.$$

よって，点 O と $2(3+4i)$ を表す点を結んだ線分は C の直径である．

ここで，$\dfrac{14(t-3)}{(1-i)t-7} = 2(3+4i)$ とすると，

$$14(t-3) = 2(3+4i)\{(1-i)t - 7\}.$$

$$(t-28)i = 0.$$

$$t = 28.$$

これは $t>0$ を満たすので，点 P を表す複素数が $2(3+4i)$ となる条件，すなわち，線分 OP が C の直径になる条件は $t=28$ である．…（∗∗）

（∗），（∗∗）より，線分 OP の長さが最大になる t の値は，

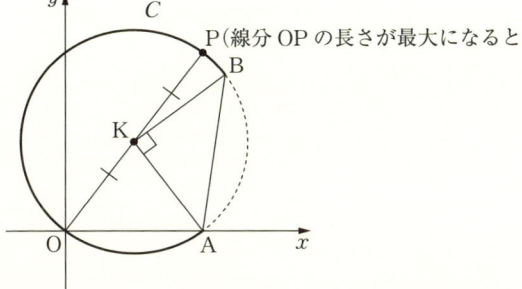

$$t = 28. \qquad \text{…（答）}$$

本問のテーマ

本問は「半直線のなす角に着目して，動点がどのような図形上にあるかを把握できるか」を確認する問題である．

複素数平面上の異なる 3 点 A(α)，B(β)，C(γ) において，半直線 AB から半直線 AC までの回転角は $\arg\dfrac{\gamma-\alpha}{\beta-\alpha}$ である．このことから，(1) は解決できる．(2) は，点 P が C 上にあることがわかれば，解決の糸口が見えてくるだろう．

1 【解答目安時間 20分】1996.早稲田大

座標平面上に,原点を中心とする半径3の円Aと,点$(-1, 0)$を中心とする半径1の円Bがある.円Aと内接し,円Bと外接する円の中心が描く軌跡を求めよ.

▶ 解答 ◀

Bの中心をQとする.また,Aと内接し,Bと外接する円の中心をP,半径をrとすると,PO=$3-r$…①,PQ=$1+r$…②.

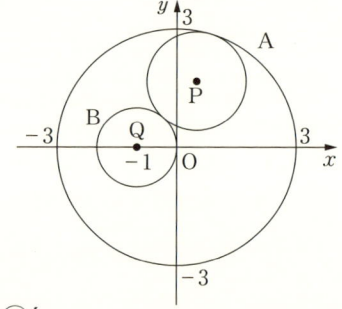

①より,$r=3-\mathrm{PO}$…①'.

②に①'を代入して,PQ=$1+(3-\mathrm{PO})$,すなわち,PO+PQ=4…③.
また,$r>0$であるから,①'より,$3-\mathrm{PO}>0$,すなわち,PO<3…④.
よって,求める軌跡は「③かつ④」を満たす点Pの軌跡である.

ここで,PO≦OQ+PQ…⑤が成り立つことから,③を満たす点Pに対して,③,⑤より,PO≦$1+(4-\mathrm{PO})$,すなわち,PO≦$\dfrac{5}{2}$が成り立つ.

このことから,③を満たす点Pは④を満たすので,「③かつ④」を満たす点Pの軌跡と③を満たす点Pの軌跡は一致する.

したがって,求める軌跡は,③を満たす点Pの軌跡であり,その軌跡は2点O(0, 0), Q(-1, 0)を焦点とし,焦点からの距離の和が4である楕円である.

ここで,2点$\left(-\dfrac{1}{2}, 0\right)$, $\left(\dfrac{1}{2}, 0\right)$を焦点とし,焦点からの距離の和が4である楕円を$E$とする.

Eの方程式は$\dfrac{x^2}{a^2}+\dfrac{y^2}{b^2}=1$ $(a>b>0)$とおけて,2点$\left(-\dfrac{1}{2}, 0\right)$, $\left(\dfrac{1}{2}, 0\right)$が焦点であることから,$\sqrt{a^2-b^2}=\dfrac{1}{2}$…⑥であり,焦点からの距離の和が4であることから,$2a=4$…⑦である.

⑥, ⑦, および $a>b>0$ より, $a=2$, $b=\dfrac{\sqrt{15}}{2}$.

よって, E の方程式は $\dfrac{x^2}{4}+\dfrac{4}{15}y^2=1$.

求める軌跡は E を x 軸方向に $-\dfrac{1}{2}$ だけ平行移動して得られる楕円なので,

求める軌跡は, **楕円 $\dfrac{1}{4}\left(x+\dfrac{1}{2}\right)^2+\dfrac{4}{15}y^2=1$** である. …(答)

> **本問のテーマ**
>
> 　本問は「楕円の定義に基づいて, 動点の軌跡が楕円であるとわかるか」を確認する問題である.
> 　まず, A と内接することから①が, B と外接することから②が立式され, それにより, ③が得られることを確認しておこう. そして, 楕円の定義により, ③を満たす点 P の軌跡が楕円であることがわかる. 楕円の定義, および, 楕円の方程式については, 再度確認しておこう.

(補足)　③を満たす点 P の軌跡である楕円の中心は点 $\left(-\dfrac{1}{2},0\right)$ である. この楕円のように, 中心が原点でない楕円は, 「原点を中心とする楕円を平行移動したもの」と捉えることで, その方程式を求めることができる. **解答**では, 原点を中心とする楕円 E を平行移動することで, ③を満たす点 P の軌跡である楕円を求めている.

(補足)　$r>0$ であることから, 求める軌跡は「③かつ④」を満たす点 P の軌跡となるが, **解答**では⑤を利用して, その軌跡が, ③を満たす点 P の軌跡に他ならないことを示した.

　⑤の式は 3 点 O, P, Q が三角形をなすとき, 「三角形の 1 辺の長さは他の 2 辺の長さの和より小さい」ことと, 異なる 3 点 O, P, Q が同一直線上にあるとき, $PO \leq OQ+PQ$ が成り立つ（線分 OP 上に点 Q があるときに限り, 等号が成り立つ）ことから導かれる不等式であり, 三角不等式と呼ばれている.

　以上のことから, ③を満たすすべての点 P は④を満たすことがわかり, 求める軌跡が③を満たす点 P の軌跡であるといえるのである.

2 【解答目安時間　25分】2005. 香川大 (改)

曲線 $C: \dfrac{x^2}{a^2} - \dfrac{y^2}{b^2} = 1$ 上の点 $P(x_1, y_1)$ におけるこの曲線の接線を l とする．直線 l と曲線 C の2つの漸近線との交点をそれぞれ A，B とし，原点を O とする．また，線分 OP を直径とする円と曲線 C の2つの漸近線との交点をそれぞれ Q, R とする．ただし，a, b は正の定数とする．

(1) 直線 l の方程式を求めよ．
(2) 点 $P(x_1, y_1)$ は線分 AB の中点であることを示せ．
(3) △OAB の面積は点 $P(x_1, y_1)$ の位置によらず一定であることを示せ．

▶ 解答 ◀

(1) l の方程式は，$\dfrac{x_1 x}{a^2} - \dfrac{y_1 y}{b^2} = 1 \cdots (*)$. 　　　　　　　　　　　　　…(答)

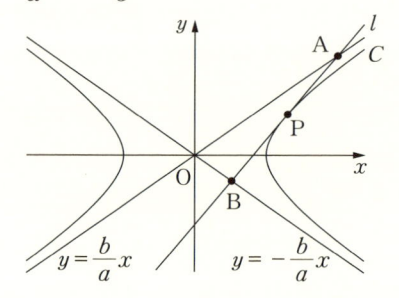

(2)（証明）

　P は C 上の点なので，$\dfrac{x_1^2}{a^2} - \dfrac{y_1^2}{b^2} = 1$，すなわち，$b^2 x_1^2 - a^2 y_1^2 = a^2 b^2$ が成り立つから，$(bx_1 + ay_1)(bx_1 - ay_1) = a^2 b^2 \cdots ①$．

　ここで，C の漸近線は $y = \dfrac{b}{a}x \cdots ②$，$y = -\dfrac{b}{a}x \cdots ③$ である．

　$y = \dfrac{b}{a}x$ を (1) の $(*)$ に代入すると，$\dfrac{x_1 x}{a^2} - \dfrac{y_1}{b^2} \cdot \dfrac{b}{a} x = 1$

すなわち，
$$(bx_1 - ay_1)x = a^2 b$$

であるから，① より，$x = \dfrac{bx_1 + ay_1}{b} \cdots ④$．

　$y = -\dfrac{b}{a}x$ を (1) の $(*)$ に代入すると，$\dfrac{x_1 x}{a^2} - \dfrac{y_1}{b^2} \cdot \left(-\dfrac{b}{a} x\right) = 1$

すなわち，
$$(bx_1 + ay_1)x = a^2 b$$
であるから，①より，$x = \dfrac{bx_1 - ay_1}{b}$ …⑤．

④，⑤より，2点 A，B の x 座標は，$\dfrac{bx_1 + ay_1}{b}$，$\dfrac{bx_1 - ay_1}{b}$ である．

よって，線分 AB の中点の x 座標は，$\dfrac{1}{2}\left(\dfrac{bx_1 + ay_1}{b} + \dfrac{bx_1 - ay_1}{b}\right) = x_1$．

このことと，3点 A，P，B が l 上にあることから，点 P は線分 AB の中点である．　　　　　　　　　　　　　　　　　　　　　　（証明終）

(3)（証明）

(1)の(*)より，l の方程式は $-b^2 x_1 x + a^2 y_1 y + a^2 b^2 = 0$ であるから，点 O と l の距離は，$\dfrac{|a^2 b^2|}{\sqrt{(-b^2 x_1)^2 + (a^2 y_1)^2}} = \dfrac{a^2 b^2}{\sqrt{b^4 x_1^2 + a^4 y_1^2}}$．

また，(2)の②，③，④，⑤より，2点 A，B の座標は，
$$\left(\dfrac{bx_1 + ay_1}{b},\ \dfrac{bx_1 + ay_1}{a}\right),\ \left(\dfrac{bx_1 - ay_1}{b},\ -\dfrac{bx_1 - ay_1}{a}\right)$$
であるから，
$$AB = \sqrt{\left(\dfrac{bx_1 - ay_1}{b} - \dfrac{bx_1 + ay_1}{b}\right)^2 + \left(-\dfrac{bx_1 - ay_1}{a} - \dfrac{bx_1 + ay_1}{a}\right)^2}$$
$$= \dfrac{2}{ab}\sqrt{b^4 x_1^2 + a^4 y_1^2}.$$

よって，△OAB の面積は，$\dfrac{1}{2} \cdot AB \cdot \dfrac{a^2 b^2}{\sqrt{b^4 x_1^2 + a^4 y_1^2}} = ab$．

したがって，△OAB の面積は点 P の位置によらず一定である．（証明終）

本問のテーマ

本問は「双曲線に関する基本公式が活用できるか」を確認する問題である．

(1)で用いた双曲線の接線の公式が定着しているかを確認しておこう．また，点 P が C 上にあることから①が得られ，これを活用することで(2)，(3)が解決できることも確認しておこう．

3 【解答目安時間 20分】

放物線 $C: y = \dfrac{x^2}{4}$ の焦点を F，準線を l とし，C 上に点 $P(2p, p^2)$ をとる．C の点 P における接線を l_p とし，l_p と y 軸の交点を Q とする．
(1) 点 F の座標と l の方程式を求めよ．
(2) 点 Q の座標を p を用いて表せ．
(3) y 軸に平行で点 P を通る直線と l の交点を R とする．直線 PR と l_p のなす角の大きさを θ とするとき，$\angle$FPQ の大きさを θ を用いて表せ．ただし，$0 \leq \theta \leq \dfrac{\pi}{2}$ とする．

---▶ 解答 ◀---

(1) C の方程式は $x^2 = 4y$ と表せるから，点 F の座標は **(0, 1)**． …(答)
また，l の方程式は $\boldsymbol{y = -1}$． …(答)

(2) $y = \dfrac{x^2}{4}$ において，$y' = \dfrac{x}{2}$ であるから，l_p の傾きは $\dfrac{2p}{2} = p$．
よって，l_p の方程式は $y - p^2 = p(x - 2p)$，すなわち，$y = px - p^2$．
Q は l_p と y 軸の交点であるから，点 Q の座標は **(0, $-p^2$)**． …(答)

(3)

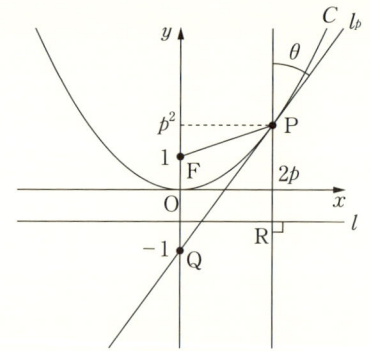

P は C 上の点であるから，FP = PR …①．
ここで，PR = $p^2 - (-1) = p^2 + 1$，FQ = $1 - (-p^2) = p^2 + 1$ であるから，PR = FQ …②．

①，②より，FP = FQ であるから，$\angle$FPQ = $\angle$FQP …③．
y 軸と直線 PR は平行なので，$\angle$FQP = $\angle$QPR …④．
$\angle$QPR = θ であるから，③，④より，$\angle$**FPQ = θ**． …(答)

2次曲線

> **本問のテーマ**
>
> 　本問は「放物線の定義に基づいて，放物線に関する図形的な考察ができるか」を確認する問題である．
> 　(1)では放物線の焦点と準線について確認しておこう．(3)では，点PがC上にあることから，放物線の定義によりFP=PRとなることを確認しておこう．

(補足)　放物線には，「放物線の存在する平面上を軸に平行に進む光が，放物線上で反射するとき，その反射光は必ず放物線の焦点を通過する」という性質がある．本問は，放物線Cについて，この性質が成り立つことを確認させる問題である．

(補足)　(3)において，

$p \neq 0$ のとき，直線FRの傾きは $\dfrac{-1-1}{2p-0} = -\dfrac{1}{p}$,

$p = 0$ のとき，直線FRとx軸は一致する

ことから，直線FRとl_pは垂直であるとわかる．

　このことと，FP=PRであることから，∠FPQ=∠QPRとなる．

　以上のことから，∠FPQ=θを得ることもできる．

4 【解答目安時間 20分】2000. 静岡大

楕円 $\dfrac{x^2}{9}+\dfrac{y^2}{4}=1$ 上の2点 P, Q が $\angle POQ=90°$ を満たしながら動くとき，次の問いに答えよ．ただし，O は原点である．

(1) $\dfrac{1}{OP^2}+\dfrac{1}{OQ^2}$ の値は一定であることを示せ．

(2) O から線分 PQ に下ろした垂線の足を R とする．線分 OR の長さは一定であることを示せ．

▶ 解答 ◀

(1)（証明）

$OP=r_1$ とし，x 軸の正の部分から半直線 OP までの回転角を θ とすると，点 P の座標は $(r_1\cos\theta,\ r_1\sin\theta)$ と表せる．

また，$OQ=r_2$ とすると，$\angle POQ=90°$ であることから，点 Q の座標は $(r_2\cos(\theta+90°),\ r_2\sin(\theta+90°))$ または $(r_2\cos(\theta-90°),\ r_2\sin(\theta-90°))$，すなわち，$(-r_2\sin\theta,\ r_2\cos\theta)\cdots$① または $(r_2\sin\theta,\ -r_2\cos\theta)\cdots$② と表せる．

点 P は楕円 $\dfrac{x^2}{9}+\dfrac{y^2}{4}=1$ 上にあるから，$\dfrac{r_1^2\cos^2\theta}{9}+\dfrac{r_1^2\sin^2\theta}{4}=1\cdots$③.

さらに，点 Q も楕円 $\dfrac{x^2}{9}+\dfrac{y^2}{4}=1$ 上にあるから，点 Q の座標が①，②のいずれのときでも，$\dfrac{r_2^2\sin^2\theta}{9}+\dfrac{r_2^2\cos^2\theta}{4}=1\cdots$④が成り立つ．

③より $\dfrac{1}{r_1^2}=\dfrac{\cos^2\theta}{9}+\dfrac{\sin^2\theta}{4}$，④より $\dfrac{1}{r_2^2}=\dfrac{\sin^2\theta}{9}+\dfrac{\cos^2\theta}{4}$ なので，

$$\dfrac{1}{OP^2}+\dfrac{1}{OQ^2}=\dfrac{1}{r_1^2}+\dfrac{1}{r_2^2}$$
$$=\left(\dfrac{\cos^2\theta}{9}+\dfrac{\sin^2\theta}{4}\right)+\left(\dfrac{\sin^2\theta}{9}+\dfrac{\cos^2\theta}{4}\right)$$
$$=\dfrac{\sin^2\theta+\cos^2\theta}{9}+\dfrac{\sin^2\theta+\cos^2\theta}{4}$$
$$=\dfrac{1}{9}+\dfrac{1}{4}$$
$$=\dfrac{13}{36}.$$

したがって，$\dfrac{1}{OP^2}+\dfrac{1}{OQ^2}$ の値は一定である． （証明終）

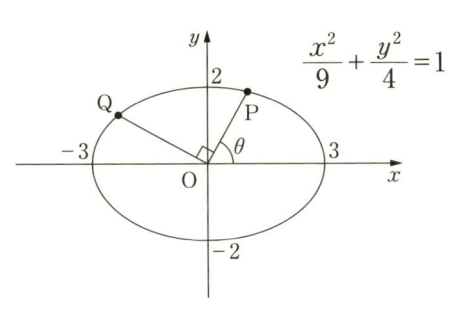

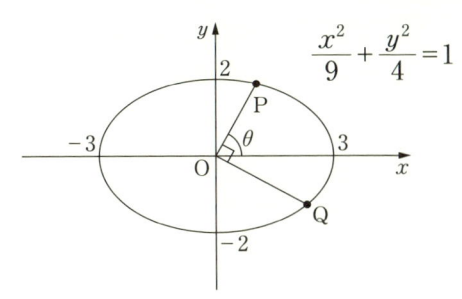

(2)（証明）

三角形 OPQ の面積を S とすると，$S = \dfrac{1}{2} \cdot \mathrm{OP} \cdot \mathrm{OQ}$

であり，さらに，$S = \dfrac{1}{2} \cdot \mathrm{PQ} \cdot \mathrm{OR}$ である．

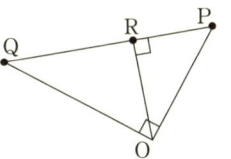

よって，$\dfrac{1}{2} \cdot \mathrm{OP} \cdot \mathrm{OQ} = \dfrac{1}{2} \cdot \mathrm{PQ} \cdot \mathrm{OR}$，すなわち，$\mathrm{OR} = \dfrac{\mathrm{OP} \cdot \mathrm{OQ}}{\mathrm{PQ}}$．

ここで，$\angle \mathrm{POQ} = 90°$ であるから，$\mathrm{PQ} = \sqrt{\mathrm{OP}^2 + \mathrm{OQ}^2}$ となるので，

$$\mathrm{OR} = \dfrac{\mathrm{OP} \cdot \mathrm{OQ}}{\sqrt{\mathrm{OP}^2 + \mathrm{OQ}^2}}$$

$$= \dfrac{1}{\sqrt{\dfrac{1}{\mathrm{OP}^2} + \dfrac{1}{\mathrm{OQ}^2}}}$$

であり，このことと(1)より，$\mathrm{OR} = \dfrac{6}{\sqrt{13}}$．

したがって，線分 OR の長さは一定である． （証明終）

本問のテーマ

本問は「極座標が活用できるか」を確認する問題である．

本問のように，与えられている条件や求めるものが長さや角度に関するものであるときは，原点を極，x 軸の正の部分を始線とする点 P の極座標を設定するのも手段の一つであることを確認しておこう．

1 【解答目安時間 10分】2004. 摂南大

不等式 $-\sqrt{x+2} \geqq x-4$ を解け．

▶解答◀

$-\sqrt{x+2} = x-4$ とすると，両辺を2乗して，
$$(-\sqrt{x+2})^2 = (x-4)^2.$$
$$x+2 = x^2 - 8x + 16.$$
$$x^2 - 9x + 14 = 0.$$
$$(x-2)(x-7) = 0.$$
$$x = 2, 7.$$

このうち，$-\sqrt{x+2} = x-4$ を満たすものは，$x=2$．

このことから，$y = -\sqrt{x+2}$ のグラフと $y = x-4$ のグラフの共有点の x 座標は2である．

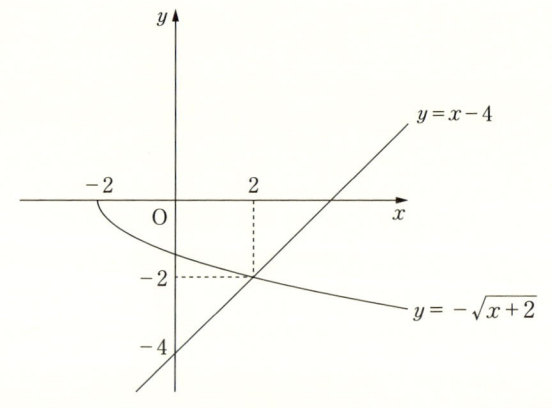

$y = -\sqrt{x+2}$ のグラフと $y = x-4$ のグラフより，$-\sqrt{x+2} \geqq x-4$ の解は，
$$-2 \leqq x \leqq 2. \quad \cdots (答)$$

第3章 関数

> **本問のテーマ**
>
> 本問は「グラフ利用して不等式を解くことができるか」を確認する問題である．
> $y=-\sqrt{x+2}$ のグラフが $y=x-4$ のグラフより上側にあるような x の値の範囲が $-\sqrt{x+2}>x-4$ の解であることと，$y=-\sqrt{x+2}$ のグラフと $y=x-4$ のグラフの共有点の x 座標が $-\sqrt{x+2}=x-4$ の解であることを確認しておこう．

(補足) **解答**では，$-\sqrt{x+2}=x-4$ …① の解を求める際に，①の両辺を2乗して得られる方程式 $(-\sqrt{x+2})^2=(x-4)^2$ …② の解を求めているが，
$$(-\sqrt{x+2})^2=(x-4)^2 \iff \pm\sqrt{x+2}=x-4$$
であるから，②の解には①の解以外のもの（つまり，$\sqrt{x+2}=x-4$ の解）が含まれる可能性があることに注意しよう．実際に，②の解のうち，$x=2$ のみが①を満たしていることが**解答**で確認できる．

(補足)「$A \geqq 0$ かつ $B \geqq 0$ のとき，$A \geqq B \iff A^2 = B^2$」であるから，次のようにして $-\sqrt{x+2} \geqq x-4$ を解くこともできる．

【別解】

求めるものは，$-\sqrt{x+2} \geqq x-4$，すなわち，$\sqrt{x+2} \leqq -x+4$ …(∗) の解である．

(∗)において，$x+2 \geqq 0$ より，$x \geqq -2$ …③．

$\sqrt{x+2} \geqq 0$ であるから，(∗)より，$-x+4 \geqq 0$，すなわち，$x \leqq 4$ …④．

$x \leqq 4$ のとき，$-x+4 \geqq 0$ であるから，
$$\sqrt{x+2} \leqq -x+4 \iff (\sqrt{x+2})^2 \leqq (-x+4)^2$$
となり，$(\sqrt{x+2})^2 \leqq (-x+4)^2$ から，
$$x+2 \leqq x^2-8x+16.$$
$$(x-2)(x-7) \geqq 0.$$
$$x \leqq 2,\ 7 \leqq x \cdots ⑤.$$

③，④，⑤より，(∗)の解は，$-2 \leqq x \leqq 2$． …(答)

2 【解答目安時間　15分】1998. 九州共立大（改）

関数 $y = f(x) = \dfrac{2x+c}{ax+b}$ のグラフが点 $\left(-2, \dfrac{9}{5}\right)$ を通り，かつ $x = -\dfrac{1}{3}$，$y = \dfrac{2}{3}$ を漸近線にもつとする．

(1) 定数 a, b, c の値は $a = \boxed{ア}$，$b = \boxed{イ}$，$c = \boxed{ウ}$ である．

(2) 関数 $y = f(x)$ の値域が $\{y | y \geq 1\}$ となるとき，$f(x)$ の定義域は

$$\left\{ x \;\middle|\; \boxed{エ} \leq x < \dfrac{\boxed{オ}}{3} \right\}$$

である．

▶ 解答 ◀

(1) $y = f(x)$ のグラフは漸近線をもつので，$a \neq 0$ である．このことから，

$$f(x) = \dfrac{2x+c}{ax+b}$$

$$= \dfrac{\dfrac{2}{a}(ax+b) - \dfrac{2b}{a} + c}{ax+b}$$

$$= \dfrac{2}{a} + \dfrac{-\dfrac{2b}{a} + c}{ax+b}$$

$$= \dfrac{2}{a} + \dfrac{-\dfrac{2b}{a^2} + \dfrac{c}{a}}{x + \dfrac{b}{a}}$$

と変形できるので，$y = f(x)$ を整理すると，$y - \dfrac{2}{a} = \dfrac{-\dfrac{2b}{a^2} + \dfrac{c}{a}}{x + \dfrac{b}{a}}$ … (＊)．

$y = f(x)$ のグラフは 2 直線 $x = -\dfrac{1}{3}$，$y = \dfrac{2}{3}$ を漸近線にもつので，

$$-\dfrac{b}{a} = -\dfrac{1}{3} \cdots ①, \quad \dfrac{2}{a} = \dfrac{2}{3} \cdots ②, \quad -\dfrac{2b}{a^2} + \dfrac{c}{a} \neq 0 \cdots ③.$$

②より，$a = 3$ であり，これは $a \neq 0$ を満たしている．
$a = 3$ と①から，$b = 1$ であり，このことから，$f(x) = \dfrac{2x+c}{3x+1}$ となる．

$y = f(x)$ のグラフが点 $\left(-2, \dfrac{9}{5}\right)$ を通るので，$\dfrac{9}{5} = f(-2)$，すなわち，

$$\frac{9}{5} = \frac{2\cdot(-2)+c}{3\cdot(-2)+1}.$$

よって，$c = -5$.

また，$a=3$，$b=1$，$c=-5$ のとき，③は成り立つ.

したがって，a, b, c の値は，$a = \boxed{3}^{ア}$，$b = \boxed{1}^{イ}$，$c = \boxed{-5}^{ウ}$.

(2) (1)より，$f(x) = \dfrac{2x-5}{3x+1}$ なので，$f(x) = 1$ を解くと，$x = -6$. このことと $y = f(x)$ を整理すると $y - \dfrac{2}{3} = \dfrac{-\dfrac{17}{9}}{x+\dfrac{1}{3}}$ となることから，$y = f(x)$ のグラフは次のようになる．

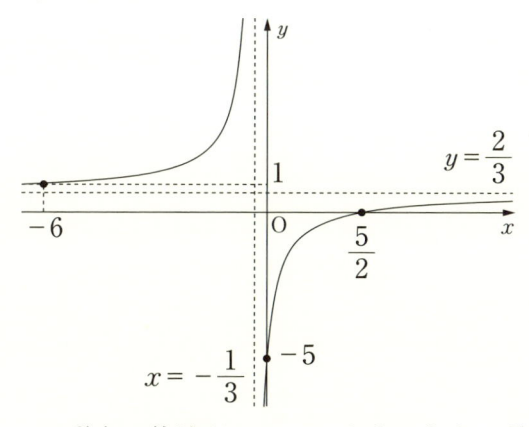

したがって，$y = f(x)$ の値域が $\{y \mid y \geq 1\}$ となるとき，$f(x)$ の定義域は

$$\left\{x \;\middle|\; \boxed{-6}^{エ} \leq x < \dfrac{\boxed{-1}^{オ}}{3}\right\}.$$

本問のテーマ

本問は「グラフに関する条件から，分数関数の式を決定することができるか」を確認する問題である．

(1)では，漸近線の方程式とグラフが通る点から，a, b, c の値が求められるかを確認しておこう．(2)では，$y = f(x)$ のグラフを利用して，定義域を正確に求められるかを確認しておこう．

3 【解答目安時間 15分】 2003.芝浦工業大

$y = f_1(x) = (x-2)^2$ $(x \geq 2)$ の逆関数は $y = f_2(x) = \boxed{ア}$ であり，x軸，y軸，$y = f_1(x)$ および $y = f_2(x)$ で囲まれる図形の面積は $\boxed{イ}$ である．

―▶ 解答 ◀―

$x \geq 2$，すなわち，$x-2 \geq 0$ のとき，$y = (x-2)^2$ を x について解くと，
$$(x-2)^2 = y.$$
$$x - 2 = \sqrt{y}.$$
$$x = \sqrt{y} + 2.$$
x と y を入れ替えると，$y = \sqrt{x} + 2$ であるから，$f_2(x) = \boxed{\sqrt{x}+2}^{\text{ア}}$．

なお，$f_2(x)$ は $f_1(x)$ の逆関数なので，$y = f_1(x)$ のグラフと $y = f_2(x)$ のグラフは直線 $y = x$ に関して対称である．

ここで，$x \geq 2$ のとき，$(x-2)^2 = x$ とすると，
$$x^2 - 4x + 4 = x.$$
$$x^2 - 5x + 4 = 0.$$
$$(x-1)(x-4) = 0$$
となり，$x \geq 2$ より，$x = 4$．

よって，$y = f_1(x)$ のグラフと直線 $y = x$ の共有点の座標は $(4, 4)$ である．

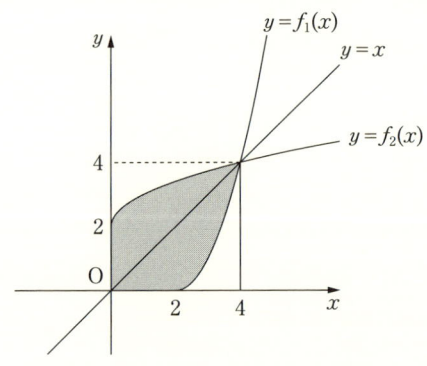

以上のことから，3点 $(0, 0)$，$(4, 0)$，$(4, 4)$ を頂点とする三角形の面積を S_1，x軸，直線 $x = 4$ および $y = f_1(x)$ のグラフで囲まれる図形の面積を S_2 とすると，x軸，y軸，および2つのグラフ $y = f_1(x)$，$y = f_2(x)$ で囲まれる図形の面積は，

$$\begin{aligned}
2(S_1 - S_2) &= 2S_1 - 2S_2 \\
&= 2 \cdot \left(\frac{1}{2} \cdot 4 \cdot 4\right) - 2\int_2^4 (x-2)^2 \, dx \\
&= 16 - 2\int_2^4 (x^2 - 4x + 4) \, dx \\
&= 16 - 2\left[\frac{x^3}{3} - 2x^2 + 4x\right]_2^4 \\
&= 16 - 2 \cdot \frac{8}{3} \\
&= \boxed{\frac{32}{3}}.
\end{aligned}$$

▶ 本問のテーマ

　本問は「逆関数のグラフの性質を活用できるか」を確認する問題である．

　$f_2(x)$ は $f_1(x)$ の逆関数なので，$y=f_1(x)$ のグラフと $y=f_2(x)$ のグラフは直線 $y=x$ に関して対称であることを確認しておくと同時に，そのことを利用して，x 軸，y 軸，および 2 つのグラフ $y=f_1(x)$，$y=f_2(x)$ で囲まれる図形の面積を求めることができることを**解答**で確認しておこう．

4 【解答目安時間 25 分】2004. 東京大

関数 $f(x)$, $g(x)$, $h(x)$ を次のように定める.

$$f(x) = x^3 - 3x, \quad g(x) = \{f(x)\}^3 - 3f(x), \quad h(x) = \{g(x)\}^3 - 3g(x).$$

(1) a を実数とする. $f(x) = a$ を満たす実数 x の個数を求めよ.

(2) $g(x) = 0$ を満たす実数 x の個数を求めよ.

(3) $h(x) = 0$ を満たす実数 x の個数を求めよ.

▶ 解答 ◀

(1) $f(x) = x^3 - 3x$ より, $f'(x) = 3x^2 - 3$.

これより, $f'(x) = 3(x+1)(x-1)$ なので, $f(x)$ の増減は次のようになる.

x	$\cdots$	-1	$\cdots$	1	$\cdots$
y'	$+$	0	$-$	0	$+$
y	↗	2	↘	-2	↗

よって, $y = f(x)$ のグラフの概形は次のようになる.

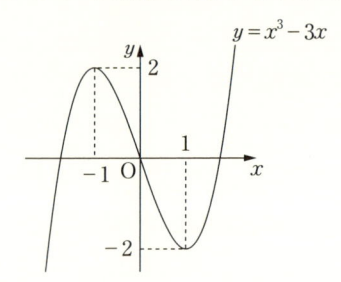

$f(x) = a$ を満たす実数 x の個数は $y = f(x)$ のグラフと直線 $y = a$ の共有点の個数と等しいので, $f(x) = a$ を満たす実数 x の個数は,

$$\begin{cases} a < -2, \ 2 < a \ \text{のとき}, \ 1, \\ a = \pm 2 \ \text{のとき}, \ 2, \\ -2 < a < 2 \ \text{のとき}, \ 3. \end{cases} \quad \cdots (\text{答})$$

(2) $g(x) = 0$ より,

$$\{f(x)\}^3 - 3f(x) = 0.$$
$$\{f(x)\}[\{f(x)\}^2 - 3] = 0.$$
$$f(x) = -\sqrt{3}, \ 0, \ \sqrt{3}.$$

(1)より,「$-2<a<2$ を満たす実数 a の値を1つ定めると,$f(x)=a$ を満たす実数 x は3個存在する…(∗)」ので,

$$f(x)=-\sqrt{3} \text{ を満たす実数 } x \text{ は 3 個,}$$
$$f(x)=0 \text{ を満たす実数 } x \text{ は 3 個,}$$
$$f(x)=\sqrt{3} \text{ を満たす実数 } x \text{ は 3 個}$$

存在する.よって,$g(x)=0$ を満たす実数 x の個数は,$3\cdot 3=9$. …(答)

(3) $h(x)=0$ より,
$$\{g(x)\}^3-3g(x)=0.$$
$$\{g(x)\}[\{g(x)\}^2-3]=0.$$
$$g(x)=-\sqrt{3},\ 0,\ \sqrt{3}\ \cdots (**).$$

$g(x)=\{f(x)\}^3-3f(x)$ より,(∗∗)を満たす $f(x)$ の値は,$y=x^3-3x$ のグラフにおいて,y 座標が $-\sqrt{3},\ 0,\ \sqrt{3}$ となる点の x 座標であるから,次の図より,(∗∗)を満たす $f(x)$ の値は9個存在する.

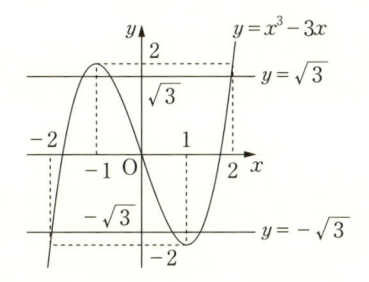

$f(-2)=-2$,$f(2)=2$ であることと上の図より,(∗∗)を満たす $f(x)$ の値はすべて -2 より大きく 2 より小さい.このことと(2)の(∗)より,$h(x)=0$ を満たす実数 x の個数は,$3\cdot 9=27$. …(答)

> **本問のテーマ**
>
> 本問は「合成関数に関する方程式の実数解の個数を,関数のグラフを利用して,求めることができるか」を確認する問題である.
> $f(x),g(x),h(x)$ はいずれも X^3-3X という形の式で表されることから,解答のように $y=x^3-3x$ のグラフを利用することで(1),(2),(3)が解決できることを確認しておこう.

1 【解答目安時間　20分】

数列 $\{a_n\}$, $\{b_n\}$ について，次の命題の真偽を述べよ．さらに，真であるものには証明を記し，偽であるものには反例をあげよ．

(1) $\lim\limits_{n\to\infty} a_n = \infty$ かつ $\lim\limits_{n\to\infty} b_n = \infty$ ならば $\lim\limits_{n\to\infty} \dfrac{a_n}{b_n} = 1$.

(2) $\lim\limits_{n\to\infty} a_n = \infty$ かつ $\lim\limits_{n\to\infty} b_n = \infty$ ならば $\lim\limits_{n\to\infty} (a_n - b_n) = 0$.

(3) $\lim\limits_{n\to\infty} a_n = 0$ かつ $\lim\limits_{n\to\infty} b_n = \infty$ ならば $\lim\limits_{n\to\infty} a_n b_n = 0$.

(4) $\lim\limits_{n\to\infty} (a_n + b_n)$, $\lim\limits_{n\to\infty} (a_n - b_n)$ がともに収束するならば，$\lim\limits_{n\to\infty} a_n$, $\lim\limits_{n\to\infty} b_n$ はいずれも収束する．

(5) p, q を定数とし，$p \neq 0$ とする．このとき，$\lim\limits_{n\to\infty} (pn+q)a_n$ が収束するならば，$\lim\limits_{n\to\infty} na_n$ は収束する．

▶ **解答** ◀

(1) **偽**である．反例は $a_n = n^2$, $b_n = n$ など． ⋯（答）

(2) **偽**である．反例は $a_n = n+1$, $b_n = n$ など． ⋯（答）

(3) **偽**である．反例は $a_n = \dfrac{1}{n}$, $b_n = n$ など． ⋯（答）

(4) **真**である． ⋯（答）

（証明）

$\lim\limits_{n\to\infty} (a_n + b_n)$, $\lim\limits_{n\to\infty} (a_n - b_n)$ がともに収束することから，
$$\lim_{n\to\infty} (a_n + b_n) = \alpha, \quad \lim_{n\to\infty} (a_n - b_n) = \beta \quad (\alpha,\ \beta \text{ は定数})$$
とおける．さらに，a_n, b_n を $a_n + b_n$, $a_n - b_n$ を用いて表すと，
$$a_n = \frac{1}{2}\{(a_n+b_n)+(a_n-b_n)\}, \quad b_n = \frac{1}{2}\{(a_n+b_n)-(a_n-b_n)\}$$
であるから，
$$\lim_{n\to\infty} a_n = \lim_{n\to\infty} \frac{1}{2}\{(a_n+b_n)+(a_n-b_n)\}$$
$$= \frac{1}{2}(\alpha + \beta),$$
$$\lim_{n\to\infty} b_n = \lim_{n\to\infty} \frac{1}{2}\{(a_n+b_n)-(a_n-b_n)\}$$
$$= \frac{1}{2}(\alpha - \beta)$$
となるので，$\lim\limits_{n\to\infty} a_n$, $\lim\limits_{n\to\infty} b_n$ はいずれも収束する． （証明終）

(5) 真である． …(答)

(証明)

$\lim_{n\to\infty}(pn+q)a_n$ が収束することから，$\lim_{n\to\infty}(pn+q)a_n = \gamma$（$\gamma$ は定数）とおける．このことと，$p \neq 0$ より，

$$\begin{aligned}\lim_{n\to\infty} na_n &= \lim_{n\to\infty}\left\{\frac{n}{pn+q}\cdot(pn+q)a_n\right\} \\ &= \lim_{n\to\infty}\left\{\frac{1}{p+\dfrac{q}{n}}\cdot(pn+q)a_n\right\} \\ &= \frac{1}{p+0}\cdot\gamma \\ &= \frac{\gamma}{p}\end{aligned}$$

となるので，$\lim_{n\to\infty}(pn+q)a_n$ は収束する． (証明終)

> **本問のテーマ**
>
> 本問は「数列の極限において，収束するか否かを判断できるか」を確認する問題である．
>
> (1)，(2)，(3)は，俗に，$\dfrac{\infty}{\infty}$，$\infty - \infty$，$0 \cdot \infty$ という状態の極限は定まらないことを主張している．
>
> また，(4)，(5)は収束する部分を作り出すことで極限を求めるという基本的な部分が問われている．(4)では，収束することがわかっている数列が $\{a_n + b_n\}$，$\{a_n - b_n\}$ であるから，a_n，b_n を $a_n + b_n$ と $a_n - b_n$ で表そうと思ってほしい．同様に，(5)も a_n を $(pn+q)a_n$ で表そうと思ってほしい．

(補足) (4)において，a_n，b_n を $a_n + b_n$ と $a_n - b_n$ で表す式が思い浮かばないときは，

$$p_n = a_n + b_n \cdots ①, \quad q_n = a_n - b_n \cdots ②$$

とおいて，①，②を a_n，b_n について解くと，

$$a_n = \frac{1}{2}(p_n + q_n), \quad b_n = \frac{1}{2}(p_n - q_n)$$

となることにより，a_n，b_n を p_n と q_n，すなわち，$a_n + b_n$ と $a_n - b_n$ で表す式を得ればよいだろう．

2 【解答目安時間 15分】

$a_n = \dfrac{\cos^{2n+2} x}{\sin^{2n+1} x + \cos^{2n} x}$ $(n=1, 2, 3, \cdots)$ で定められた数列 $\{a_n\}$ に対して, $\displaystyle\lim_{n\to\infty} a_n$ を求めよ．ただし，x は $0 \leq x \leq \pi$ を満たす定数である．

──▶ 解答 ◀──

$$a_n = \frac{(\cos^2 x)\cdot(\cos^2 x)^n}{(\sin x)\cdot(\sin^2 x)^n + (\cos^2 x)^n}$$

である．また，$\cos^2 x - \sin^2 x = \cos 2x$ であるから，$0 \leq x \leq \pi$ において，

$\sin^2 x < \cos^2 x$, すなわち，$\cos 2x > 0$ ならば，$0 \leq x < \dfrac{\pi}{4}$, $\dfrac{3}{4}\pi < x \leq \pi$,

$\sin^2 x = \cos^2 x$, すなわち，$\cos 2x = 0$ ならば，$x = \dfrac{\pi}{4}$, $\dfrac{3}{4}\pi$,

$\sin^2 x > \cos^2 x$, すなわち，$\cos 2x < 0$ ならば，$\dfrac{\pi}{4} < x < \dfrac{3}{4}\pi$

となるので，$\displaystyle\lim_{n\to\infty} a_n$ は x の値の範囲によって，次のようになる．

(ア) $0 \leq x < \dfrac{\pi}{4}$, $\dfrac{3}{4}\pi < x \leq \pi$ のとき．

$0 \leq \dfrac{\sin^2 x}{\cos^2 x} < 1$ であるから，

$$\lim_{n\to\infty} a_n = \lim_{n\to\infty} \frac{\cos^2 x}{(\sin x)\cdot\left(\dfrac{\sin^2 x}{\cos^2 x}\right)^n + 1}$$
$$= \frac{\cos^2 x}{(\sin x)\cdot 0 + 1}$$
$$= \cos^2 x.$$

(イ) $x = \dfrac{\pi}{4}$, $\dfrac{3}{4}\pi$ のとき．

$\dfrac{\sin^2 x}{\cos^2 x} = 1$ であり，$\sin x = \dfrac{\sqrt{2}}{2}$, $\cos^2 x = \dfrac{1}{2}$ であるから，

$$\lim_{n\to\infty} a_n = \lim_{n\to\infty} \frac{\cos^2 x}{(\sin x)\cdot\left(\dfrac{\sin^2 x}{\cos^2 x}\right)^n + 1}$$
$$= \frac{\cos^2 x}{(\sin x)\cdot 1 + 1}$$
$$= 1 - \dfrac{\sqrt{2}}{2}.$$

(ウ) $\dfrac{\pi}{4} < x < \dfrac{3}{4}\pi$ のとき.

$0 \leq \dfrac{\cos^2 x}{\sin^2 x} < 1$ であるから,

$$\lim_{n\to\infty} a_n = \lim_{n\to\infty} \dfrac{(\cos^2 x) \cdot \left(\dfrac{\cos^2 x}{\sin^2 x}\right)^n}{\sin x + \left(\dfrac{\cos^2 x}{\sin^2 x}\right)^n}$$

$$= \dfrac{(\cos^2 x) \cdot 0}{\sin x + 0}$$

$$= 0.$$

(ア), (イ), (ウ) より,

$$\lim_{n\to\infty} a_n = \begin{cases} \cos^2 x & \left(0 \leq x < \dfrac{\pi}{4},\ \dfrac{3}{4}\pi < x \leq \pi \text{ のとき}\right), \\ 1 - \dfrac{\sqrt{2}}{2} & \left(x = \dfrac{\pi}{4},\ \dfrac{3}{4}\pi \text{ のとき}\right), \\ 0 & \left(\dfrac{\pi}{4} < x < \dfrac{3}{4}\pi \text{ のとき}\right). \end{cases} \quad \cdots\text{(答)}$$

本問のテーマ

本問は「数列 $\{r^n\}$ の極限が r の値の範囲によって異なることと, そのことを適切に活用できるか」を確認する問題である.

$-1 < r < 1$ のとき, $\displaystyle\lim_{n\to\infty} r^n = 0$ であるから, $\sin^2 x$, $\cos^2 x$ のうち, 大きいほうで a_n の分母と分子を割ることで, 0 に収束する項を作ることができる. そのために, **解答**では, まず, $\sin^2 x$ と $\cos^2 x$ の大小を調べている. そして, その大小が x の値の範囲によって異なることがわかるので, $\displaystyle\lim_{n\to\infty} a_n$ を x の値の範囲により分類して求めなければならないことを確認しておこう.

なお, $r = 1$ のとき, $\displaystyle\lim_{n\to\infty} r^n = 1$ であることから, $\sin^2 x$ と $\cos^2 x$ が等しくなる場合も別に考えないといけないことも確認しておこう.

以上のことから, (ア), (イ), (ウ) の場合分けが必要になるわけである.

(補足)　**解答**では, 2倍角の公式 $\cos^2 x - \sin^2 x = \cos 2x$ を用いて, $\sin^2 x$ と $\cos^2 x$ の大小を調べている.

3 【解答目安時間　20分】2008. 青山学院大

辺の長さが1の正三角形 ABC に対して，円 $S_1, S_2, S_3, \cdots$ を次のように定める．

(A)　$\triangle$ ABC に内接する円を S_1 とする．

(B)　線分 AB，線分 AC と円 S_1 に接する円を S_2 とする．

(C)　線分 AB，線分 AC と円 S_2 に接する円で S_1 以外のものを S_3 とする．

(D)　線分 AB，線分 AC と円 S_3 に接する円で S_2 以外のものを S_4 とする．

(E)　以下同様に円 $S_5, S_6, \cdots$ を定める．

(1)　円 S_1 の面積 m_1 を求めよ．

(2)　円 S_2 の面積 m_2 を求めよ．

(3)　円 $S_n (n=1, 2, 3, \cdots)$ の面積を m_n とするとき，級数 $\sum_{n=1}^{\infty} m_n$ の和を求めよ．

▶ 解答 ◀

円 S_n の中心を O_n，半径を r_n とする．

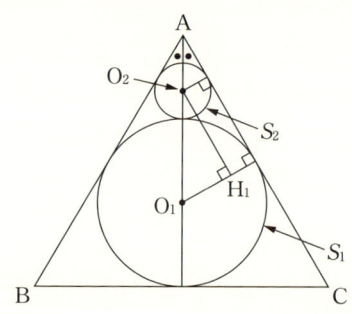

(1)　三角形 ABC の面積に着目して，$\dfrac{1}{2} \cdot 1 \cdot 1 \cdot \sin \dfrac{\pi}{3} = \dfrac{1}{2} \cdot (1+1+1) \cdot r_1$．

よって，$r_1 = \dfrac{\sqrt{3}}{6}$ であるから，$m_1 = \pi r_1^2 = \dfrac{\pi}{12}$．　　　　…(答)

(2)　O_2 を通る AC に平行な直線と，O_1 を通る AC に垂直な直線の交点を H_1 とすると，

　　$O_1H_1 \perp O_2H_1$，$\angle H_1O_1O_2 = \dfrac{\pi}{3}$，$O_1O_2 = r_1 + r_2$，$O_1H_1 = r_1 - r_2$

であるから，$(r_1 + r_2) : (r_1 - r_2) = 2 : 1$．

よって，$r_2 = \dfrac{1}{3}r_1$ となり，(1)より $r_1 = \dfrac{\sqrt{3}}{6}$ なので，$r_2 = \dfrac{\sqrt{3}}{18}$.
したがって，$m_2 = \pi r_2^{\,2} = \dfrac{\pi}{108}$. …(答)

(3)

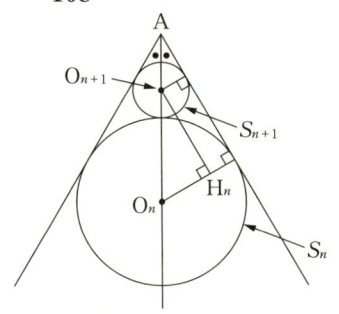

O_{n+1} を通る AC に平行な直線と，O_n を通る AC に垂直な直線の交点を H_n とすると，

$$O_nH_n \perp O_{n+1}H_n, \quad \angle H_nO_nO_{n+1} = \dfrac{\pi}{3},$$
$$O_nO_{n+1} = r_n + r_{n+1}, \quad O_nH_n = r_n - r_{n+1}$$

であるから，$(r_n + r_{n+1}) : (r_n - r_{n+1}) = 2 : 1$.

よって，$r_{n+1} = \dfrac{1}{3}r_n$ となるので，数列 $\{r_n\}$ は公比 $\dfrac{1}{3}$ の等比数列である.

このことと，(1)より $r_1 = \dfrac{\sqrt{3}}{6}$ であることから，$r_n = \dfrac{\sqrt{3}}{6} \cdot \left(\dfrac{1}{3}\right)^{n-1}$.

$m_n = \pi r_n^{\,2}$ であるから，$m_n = \pi \cdot \left\{\dfrac{\sqrt{3}}{6}\left(\dfrac{1}{3}\right)^{n-1}\right\}^2 = \dfrac{\pi}{12} \cdot \left(\dfrac{1}{9}\right)^{n-1}$.

したがって，$\displaystyle\sum_{n=1}^{\infty} m_n$ は初項 $\dfrac{\pi}{12}$，公比 $\dfrac{1}{9}$ の無限等比級数であり，公比の $\dfrac{1}{9}$ は -1 より大きく 1 より小さいので，$\displaystyle\sum_{n=1}^{\infty} m_n$ は収束し，その和は，

$$\dfrac{\dfrac{\pi}{12}}{1 - \dfrac{1}{9}} = \dfrac{3}{32}\pi. \qquad \text{…(答)}$$

本問のテーマ

本問は「規則に従って作られる図形同士の関係性がわかるか」を確認する問題である．

(3)のように，r_n と r_{n+1} の関係に着目することが，本問の図形を把握する際のポイントになることを確認しておこう．

4 【解答目安時間　25 分】2009. 同志社大（改）

$a_1 > 4$ として，漸化式 $a_{n+1} = \sqrt{a_n + 12}$ で定められる数列 $\{a_n\}$ を考える．
(1)　$n = 1, 2, 3, \cdots$ に対して，不等式 $a_n > 4$ が成り立つことを示せ．
(2)　$n = 1, 2, 3, \cdots$ に対して，不等式 $a_{n+1} - 4 < \dfrac{1}{8}(a_n - 4)$ が成り立つことを示せ．
(3)　$\lim\limits_{n \to \infty} a_n$ を求めよ．

解答

(1)（証明）
　まず，$a_1 > 4$ より，$n = 1$ のとき，$a_n > 4$ は成り立つ．
　次に，$n = k$（k は自然数）のとき，$a_n > 4$ が成り立つと仮定する．
$a_k > 4$ より，$\sqrt{a_k + 12} > \sqrt{4 + 12}$，すなわち，$\sqrt{a_k + 12} > 4$ となる．
　さらに，漸化式より $a_{k+1} = \sqrt{a_k + 12}$ が成り立つので，$a_{k+1} > 4$ となる．
　よって，$n = k + 1$ のときも $a_n > 4$ が成り立つ．
　したがって，$n = 1, 2, 3, \cdots$ に対して $a_n > 4$ が成り立つ．　（証明終）

(2)（証明）
$$a_{n+1} - 4 = \sqrt{a_n + 12} - 4$$
$$= \frac{(\sqrt{a_n + 12} - 4)(\sqrt{a_n + 12} + 4)}{\sqrt{a_n + 12} + 4}$$
$$= \frac{1}{\sqrt{a_n + 12} + 4} \cdot (a_n - 4) \cdots ①.$$

(1) より，$n = 1, 2, 3, \cdots$ に対して $a_n > 4$ が成り立つので，
$$\frac{1}{\sqrt{a_n + 12} + 4} < \frac{1}{\sqrt{4 + 12} + 4}.$$
$$\frac{1}{\sqrt{a_n + 12} + 4} < \frac{1}{8}.$$
$$\frac{1}{\sqrt{a_n + 12} + 4} \cdot (a_n - 4) < \frac{1}{8}(a_n - 4) \cdots ②.$$

①，② より，$n = 1, 2, 3, \cdots$ に対して $a_{n+1} - 4 < \dfrac{1}{8}(a_n - 4)$ が成り立つ．
　　　　　　　　　　　　　　　　　　　　　　　　　　　　（証明終）

(3)　(2) より，$n = 1, 2, 3, \cdots$ に対して $a_{n+1} - 4 < \dfrac{1}{8}(a_n - 4)$ が成り立つので，
$$a_n - 4 < \frac{1}{8}(a_{n-1} - 4) < \frac{1}{8} \cdot \frac{1}{8}(a_{n-2} - 4) < \cdots < \left(\frac{1}{8}\right)^{n-1}(a_1 - 4).$$

よって，$a_n - 4 < \left(\dfrac{1}{8}\right)^{n-1}(a_1 - 4)$ …③．

また，(1)より，$n = 1, 2, 3, \cdots$ に対して $a_n - 4 > 0$ …④が成り立つから，

③，④より，$0 < a_n - 4 < \left(\dfrac{1}{8}\right)^{n-1}(a_1 - 4)$ …⑤．

⑤より，$4 < a_n < 4 + \left(\dfrac{1}{8}\right)^{n-1}(a_1 - 4)$ …⑤′．

$\displaystyle\lim_{n\to\infty} 4 = 4,\ \lim_{n\to\infty}\left\{4 + \left(\dfrac{1}{8}\right)^{n-1}(a_1 - 4)\right\} = 4$ であるから，⑤′より，

$$\lim_{n\to\infty} a_n = 4. \quad \cdots\text{(答)}$$

> **本問のテーマ**
>
> 本問は「漸化式を用いて不等式を作り，はさみうちの原理により数列の極限を求めることができるか」を確認する問題である．
>
> (1)，(2)の結果を利用して(3)の⑤の不等式を導くことで，はさみうちの原理から $\displaystyle\lim_{n\to\infty} a_n$ を求めるという一連の流れを，まずは確認しておこう．それと同時に，(2)の不等式は（分子の）有理化によって導くことができ，その不等式を(3)の**解答**のように用いて③の不等式を作る，といった細かい部分も確認しておこう．

（補足） 数列 $\{a_n\}$ が収束すると仮定し，極限値を α とする．このとき，

$$\lim_{n\to\infty} a_n = \alpha,\ \lim_{n\to\infty} a_{n+1} = \alpha$$

となるので，与えられた漸化式から $\alpha = \sqrt{\alpha + 12}$ となり，これを満たす α の値を求めると，$\alpha = 4$ となる．したがって，もし数列 $\{a_n\}$ が収束するならば，極限値は 4 であるとわかる．

一方で，「本当に数列 $\{a_n\}$ は 4 に収束するのか」否かは，漸化式を利用して調べることになる．その際に，(2)のような

$$|a_{n+1} - \alpha| \leq r|a_n - \alpha|\ (r\text{ は }0 < r < 1\text{ を満たす定数})$$

という不等式を導き，(3)の**解答**のように，はさみうちの原理が利用できる状況を作り出すことがポイントになる．

結局，本問の(1)，(2)，(3)は，「本当に数列 $\{a_n\}$ は 4 に収束するのか」という問いに対しての答え方を提示しているのである．

1 【解答目安時間 10分】 2013. 津田塾大

極限値 $\displaystyle\lim_{x\to 0}\frac{x(e^{3x}-1)}{1-\cos x}$ を求めよ．

▶ 解答 ◀

$$\lim_{x\to 0}\frac{x(e^{3x}-1)}{1-\cos x}=\lim_{x\to 0}\left(\frac{x^2}{1-\cos x}\cdot\frac{e^{3x}-1}{x}\right)\cdots ①$$

である．

ここで，

$$\begin{aligned}\lim_{x\to 0}\frac{x^2}{1-\cos x}&=\lim_{x\to 0}\frac{x^2(1+\cos x)}{(1-\cos x)(1+\cos x)}\\&=\lim_{x\to 0}\frac{x^2(1+\cos x)}{1-\cos^2 x}\\&=\lim_{x\to 0}\frac{x^2(1+\cos x)}{\sin^2 x}\\&=\lim_{x\to 0}\left\{\frac{1}{\left(\dfrac{\sin x}{x}\right)^2}\cdot(1+\cos x)\right\}\\&=\frac{1}{1^2}\cdot(1+\cos 0)\\&=\frac{1}{1}\cdot(1+1)\\&=2\cdots ②.\end{aligned}$$

また，$\displaystyle\lim_{h\to 0}\frac{e^h-1}{h}=1$ であることから，

$$\begin{aligned}\lim_{x\to 0}\frac{e^{3x}-1}{x}&=\lim_{x\to 0}\left(\frac{e^{3x}-1}{3x}\cdot 3\right)\\&=1\cdot 3\\&=3\cdots ③\end{aligned}$$

となる．

②，③ より，① から，

$$\begin{aligned}\lim_{x\to 0}\frac{x(e^{3x}-1)}{1-\cos x}&=2\cdot 3\\&=6.\end{aligned}\quad\cdots\text{(答)}$$

関数の極限

本問のテーマ

　本問は「三角関数を含む式の極限，および，e を含む式の極限を求めることができるか」を確認する問題である．

　三角関数を含む式の極限を求める際は，$\displaystyle\lim_{x\to 0}\frac{\sin x}{x}=1$ を用いることを意識しておきたい．**解答**の $\displaystyle\lim_{x\to 0}\frac{x^2}{1-\cos x}$ を求めるプロセスを確認しておこう．

　さらに，e を含む式の極限を求める際は，$\displaystyle\lim_{h\to 0}\frac{e^h-1}{h}=1$ を利用することも手段の一つである．**解答**の $\displaystyle\lim_{x\to 0}\frac{e^{3x}-1}{x}$ を求めるプロセスを確認しておこう．

　そして，以上のことから，極限を求める式を①のように変形するという方針が立つのである．

第5章 関数の極限

（補足）　（高等学校で学ぶ数学では）e の定義は「$\displaystyle\lim_{t\to 0}(1+t)^{\frac{1}{t}}$ の極限値」である．

　これにより，$\displaystyle\lim_{h\to 0}\frac{e^h-1}{h}=1$ が成り立つことは次のようにして示される．

（証明）

　$\displaystyle\lim_{h\to 0}\frac{e^h-1}{h}$ において，$t=e^h-1$ とおく．

　$h\to 0$ のとき $t\to 0$ であり，$h=\log(1+t)$ であるので，

$$\begin{aligned}\lim_{h\to 0}\frac{e^h-1}{h}&=\lim_{t\to 0}\frac{t}{\log(1+t)}\\&=\lim_{t\to 0}\frac{1}{\frac{1}{t}\cdot\log(1+t)}\\&=\lim_{t\to 0}\frac{1}{\log(1+t)^{\frac{1}{t}}}\\&=\frac{1}{\log e}\\&=1\end{aligned}$$

が成り立つ．　　　　　　　　　　　　　　　　　　　　　　　（証明終）

2【解答目安時間　20分】2003. 芝浦工業大

面積 1 の円 C に内接する正三角形に更に内接する円の面積は $S_3 =$ ア である．同様に，C に内接する正方形に内接する円の面積は $S_4 =$ イ である．一般に，C に内接する正 n 角形に内接する円の面積は，n を用いて $S_n =$ ウ とかける．また，$\lim\limits_{n\to\infty} n^2(1-S_n) =$ エ である．

▶**解答**◀

C の半径を r とおくと，C の面積が 1 であることから，$\pi r^2 = 1 \cdots$ ①．

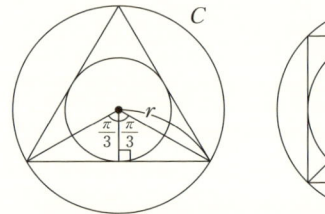

C に内接する正三角形に更に内接する円の半径は $r\cos\dfrac{\pi}{3}$ であるから，このことと①より，

$$\begin{aligned}
S_3 &= \pi\left(r\cos\dfrac{\pi}{3}\right)^2 \\
&= \pi r^2 \cos^2\dfrac{\pi}{3} \\
&= 1 \cdot \left(\dfrac{1}{2}\right)^2 \\
&= \boxed{\dfrac{1}{4}}^{ア}.
\end{aligned}$$

C に内接する正方形に内接する円の半径は $r\cos\dfrac{\pi}{4}$ であるから，このことと①より，

$$\begin{aligned}
S_4 &= \pi\left(r\cos\dfrac{\pi}{4}\right)^2 \\
&= \pi r^2 \cos^2\dfrac{\pi}{4} \\
&= 1 \cdot \left(\dfrac{1}{\sqrt{2}}\right)^2 \\
&= \boxed{\dfrac{1}{2}}^{イ}.
\end{aligned}$$

関数の極限

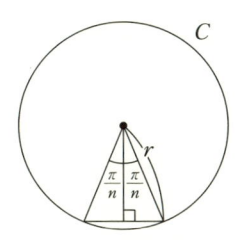

C に内接する正 n 角形に内接する円の半径は $r\cos\dfrac{\pi}{n}$ であるから,このことと①より,

$$S_n = \pi\left(r\cos\dfrac{\pi}{n}\right)^2$$
$$= \pi r^2 \cos^2\dfrac{\pi}{n}$$
$$= 1 \cdot \cos^2\dfrac{\pi}{n}$$
$$= \boxed{\cos^2\dfrac{\pi}{n}}^{\text{ウ}}.$$

したがって,

$$\lim_{n\to\infty} n^2(1-S_n) = \lim_{n\to\infty}\left\{n^2\left(1-\cos^2\dfrac{\pi}{n}\right)\right\}$$
$$= \lim_{n\to\infty}\left(n^2 \sin^2\dfrac{\pi}{n}\right)$$
$$= \lim_{n\to\infty}\left\{\pi^2 \cdot \left(\dfrac{\sin\dfrac{\pi}{n}}{\dfrac{\pi}{n}}\right)^2\right\}$$
$$= \pi^2 \cdot 1^2$$
$$= \boxed{\pi^2}^{\text{エ}}.$$

> **本問のテーマ**
>
> 　本問は「図形に関する数量を式で表して,極限を求めることができるか」を確認する問題である.
>
> 　円に内接する正 n 角形の半径を,**解答**にあるような図を用いて,適切に把握できたかを確認しておこう.また,$n\to\infty$ のとき,$\dfrac{\pi}{n}\to 0$ であることから,$\displaystyle\lim_{x\to 0}\dfrac{\sin x}{x}=1$ を利用して $\displaystyle\lim_{n\to\infty} n^2(1-S_n)$ を求めることができることも確認しておこう.

3 【解答目安時間　20 分】2002. 大阪市立大

次の極限が有限の値となるように定数 a, b を定め，そのときの極限値を求めよ．
$$\lim_{x \to 0} \frac{\sqrt{9-8x+7\cos 2x} - (a+bx)}{x^2}.$$

— ▶ 解答 ◀ —

$f(x) = \sqrt{9-8x+7\cos 2x} - (a+bx)$, $g(x) = x^2$ とする．

$\lim_{x \to 0} g(x) = 0$ であるから，$\lim_{x \to 0} \dfrac{f(x)}{g(x)}$ が有限の値となる，すなわち，収束するためには，$\lim_{x \to 0} f(x) = 0$ …① でなければならない．

① より $4 - a = 0$, すなわち，$a = 4$．

$a = 4$ のとき，
$$\begin{aligned}
\frac{f(x)}{g(x)} &= \frac{\sqrt{9-8x+7\cos 2x} - (4+bx)}{x^2} \\
&= \frac{\{\sqrt{9-8x+7\cos 2x} - (4+bx)\}\{\sqrt{9-8x+7\cos 2x} + (4+bx)\}}{x^2\{\sqrt{9-8x+7\cos 2x} + (4+bx)\}} \\
&= \frac{(\sqrt{9-8x+7\cos 2x})^2 - (4+bx)^2}{x^2(\sqrt{9-8x+7\cos 2x} + 4+bx)} \\
&= \frac{-b^2 x^2 - 8(b+1)x - 7 + 7\cos 2x}{x^2(\sqrt{9-8x+7\cos 2x} + 4+bx)} \\
&= \frac{-b^2 x^2 - 8(b+1)x - 7 + 7(1 - 2\sin^2 x)}{x^2(\sqrt{9-8x+7\cos 2x} + 4+bx)} \\
&= \frac{-b^2 x^2 - 8(b+1)x - 14\sin^2 x}{x^2(\sqrt{9-8x+7\cos 2x} + 4+bx)} \\
&= \left\{-b^2 - \frac{8(b+1)}{x} - 14\left(\frac{\sin x}{x}\right)^2\right\} \cdot \frac{1}{\sqrt{9-8x+7\cos 2x} + 4+bx}.
\end{aligned}$$

これより，

$8(b+1) \neq 0$ のとき，$\lim_{x \to 0} \dfrac{f(x)}{g(x)}$ は発散し，

$8(b+1) = 0$ のとき，$\lim_{x \to 0} \dfrac{f(x)}{g(x)} = \dfrac{-b^2 - 14}{8}$ …②

となるので，$\lim_{x \to 0} \dfrac{f(x)}{g(x)}$ が有限の値となる条件は，$a = 4$ かつ $8(b+1) = 0$．

したがって，$\lim_{x \to 0} \dfrac{f(x)}{g(x)}$ が有限の値となるような a, b の値は $a=4$, $b=-1$ であり，そのときの極限値は，②より，$-\dfrac{15}{8}$. …(答)

> **本問のテーマ**
>
> 　本問は「極限が収束するために必要な条件を把握し，分数式の極限が収束するための必要十分条件を求めることができるか」を確認する問題である．
> 　まず，$\lim_{x \to 0} g(x) = 0$ のとき，$\lim_{x \to 0} \dfrac{f(x)}{g(x)}$ が収束するためには，$\lim_{x \to 0} f(x) = 0$ が成り立つことが必要であることを確認しておこう．このことから，$a=4$ が必要であることがわかり，$a=4$ のもとで，$\lim_{x \to 0} \dfrac{f(x)}{g(x)}$ が収束する条件を求めるという本問の解決のための指針が立つであろう．
> 　そして，$a=4$ のもとでは，$\lim_{x \to 0} \dfrac{f(x)}{g(x)}$ は俗に言う $\dfrac{0}{0}$ の不定形であるから，その不定形を解消して極限を求めるために，有理化などの式変形をして，$\lim_{x \to 0} \dfrac{f(x)}{g(x)}$ が求められる状態にすることが要求される．その式変形の過程で，$8(b+1)$ が 0 なのか否かによって $\lim_{x \to 0} \dfrac{f(x)}{g(x)}$ が収束するか否かが判断できることを確認しておこう．
> 　以上のことから，$\lim_{x \to 0} \dfrac{f(x)}{g(x)}$ が収束するための必要十分条件が $a=4$ かつ $b=-1$ であるとわかる．この一連の過程を最後に確認しておこう．

4 【解答目安時間 20 分】2005. 鳥取大（改）

$a>0$ とする．関数 $f(x)=\lim\limits_{n\to\infty}\dfrac{ax^{2n-1}-x^2+bx+c}{x^{2n}+1}$ が x の連続関数となるための定数 a, b, c の条件を求めよ．

― ▶ 解答 ◀ ―――――――――――――――――――――――――

（ア） $-1<x<1$ のとき．

$\lim\limits_{n\to\infty}x^n=0$ であるから，

$$f(x)=\lim_{n\to\infty}\dfrac{a\cdot\dfrac{1}{x}\cdot(x^n)^2-x^2+bx+c}{(x^n)^2+1}$$

$$=\dfrac{a\cdot\dfrac{1}{x}\cdot 0^2-x^2+bx+c}{0^2+1}$$

$$=-x^2+bx+c.$$

（イ） $x<-1$, $1<x$ のとき．

$\lim\limits_{n\to\infty}\dfrac{1}{x^n}=0$ であるから，

$$f(x)=\lim_{n\to\infty}\dfrac{a\cdot\dfrac{1}{x}-x^2\cdot\dfrac{1}{x^{2n}}+bx\cdot\dfrac{1}{x^{2n}}+c\cdot\dfrac{1}{x^{2n}}}{1+\dfrac{1}{x^{2n}}}$$

$$=\lim_{n\to\infty}\dfrac{a\cdot\dfrac{1}{x}-x^2\cdot\left(\dfrac{1}{x^n}\right)^2+bx\cdot\left(\dfrac{1}{x^n}\right)^2+c\cdot\left(\dfrac{1}{x^n}\right)^2}{1+\left(\dfrac{1}{x^n}\right)^2}$$

$$=\dfrac{a\cdot\dfrac{1}{x}-x^2\cdot 0^2+bx\cdot 0^2+c\cdot 0^2}{1+0^2}$$

$$=\dfrac{a}{x}.$$

（ウ） $x=-1$ のとき．

$$f(x)=\lim_{n\to\infty}\dfrac{a\cdot(-1)^{2n-1}-(-1)^2+b\cdot(-1)+c}{(-1)^{2n}+1}$$

$$=\lim_{n\to\infty}\dfrac{a\cdot(-1)-1-b+c}{1+1}$$

$$=\lim_{n\to\infty}\dfrac{-a-1-b+c}{2}$$

$$=\dfrac{-a-1-b+c}{2}.$$

（エ） $x=1$ のとき.
$$f(x) = \lim_{n\to\infty} \frac{a \cdot 1^{2n-1} - 1^2 + b \cdot 1 + c}{1^{2n} + 1}$$
$$= \lim_{n\to\infty} \frac{a \cdot 1 - 1 + b + c}{1 + 1}$$
$$= \lim_{n\to\infty} \frac{a - 1 + b + c}{2}$$
$$= \frac{a - 1 + b + c}{2}.$$

（ア），（イ），（ウ），（エ）より，
$$f(x) = \begin{cases} -x^2 + bx + c & (-1 < x < 1 \text{のとき}), \\ \dfrac{a}{x} & (x < -1, 1 < x \text{のとき}), \\ \dfrac{-a - 1 - b + c}{2} & (x = -1 \text{のとき}), \\ \dfrac{a - 1 + b + c}{2} & (x = 1 \text{のとき}). \end{cases}$$

したがって，$f(x)$ が x の連続関数となるための条件は，$f(x)$ が $x = -1$ および $x = 1$ で連続であることである．その条件は，
$$\lim_{x\to -1-0} f(x) = \lim_{x\to -1+0} f(x) = f(-1) \text{ かつ } \lim_{x\to 1-0} f(x) = \lim_{x\to 1+0} f(x) = f(1)$$
すなわち，
$$-a = -1 - b + c = \frac{-a - 1 - b + c}{2} \text{ かつ } -1 + b + c = a = \frac{a - 1 + b + c}{2}.$$
したがって，求める a，b，c の条件は，**$a = b$ かつ $c = 1$**．　　…（答）

本問のテーマ

　本問は「関数が連続であるための条件を適切に立式できるか」を確認する問題である．

　$-1 < r < 1$ ならば $\lim_{n\to\infty} r^n = 0$，$r < -1$ または $1 < r$ ならば $\lim_{n\to\infty} \dfrac{1}{r^n} = 0$ であることを利用して，$f(x)$ が求められることを最初に確認しておこう．

　$f(x)$ を求めると，$f(x)$ は $-1 < x < 1$ および「$x < -1$ または $1 < x$」において連続であるといえるので，$f(x)$ が連続関数となる条件は「$f(x)$ が $x = -1$ および $x = 1$ で連続であること」となる．このことも確認しておこう．

　最後に，$f(x)$ を表す式が $x = -1$，$x = 1$ を境に変わるので，$x \to -1$ および $x \to 1$ のときの $f(x)$ の極限を調べる際に，左側極限と右側極限に分けて調べないといけないことも確認しておこう．

1 【解答目安時間 15分】2002. 関西大

曲線 $y=xe^x$ 上の点 (t, te^t) における接線の方程式は $y=\boxed{\text{ア}}$ である．また，点 $(a, 0)$ を通り，曲線 $y=xe^x$ に接する直線を引くことができるのは，a が $\boxed{\text{イ}}$ の範囲にあるときである．

▶ 解答 ◀

$y=xe^x$ において，
$$y' = 1 \cdot e^x + xe^x$$
$$= (x+1)e^x$$
であるから，曲線 $y=xe^x$ 上の点 (t, te^t) における接線の傾きは，$(t+1)e^t$．

よって，曲線 $y=xe^x$ 上の点 (t, te^t) における接線の方程式は，
$$y - te^t = (t+1)e^t(x-t)$$
すなわち，
$$y = \boxed{(t+1)e^t x - t^2 e^t}^{\text{ア}}.$$

また，$e^t > 0$ であることを踏まえると，この接線が点 $(a, 0)$ を通る条件は，
$$0 = (t+1)e^t \cdot a - t^2 e^t$$
すなわち，
$$t^2 - at - a = 0 \cdots (*)$$
を満たす実数 t が存在することである．

ここで，t の2次方程式 $(*)$ の判別式を D とすると，
$$D = (-a)^2 - 4 \cdot 1 \cdot (-a)$$
$$= a(a+4)$$
であるから，点 $(a, 0)$ を通り，曲線 $y=xe^x$ に接する直線を引くことができるような a の値の範囲は，$D \geqq 0$ を満たす a の値の範囲，すなわち，
$$\boxed{a \leqq -4, \ 0 \leqq a}^{\text{イ}}$$
である．

本問のテーマ

　本問は「ある点から曲線の接線が引ける条件を求めることができるか」を確認する問題である．

　「点 $(a, 0)$ から曲線 $y = xe^x$ に接線を引くことができる」とは，「曲線 $y = xe^x$ の接線で点 $(a, 0)$ を通るものがある」ことであり，接線が接点の x 座標により定まることを踏まえると，「曲線 $y = xe^x$ の接線で点 $(a, 0)$ を通るものがある」とは，「曲線 $y = xe^x$ の接線で点 $(a, 0)$ を通るものを定める接点の x 座標がある」ことに他ならない．このことから，t の 2 次方程式 $(*)$ が実数解をもつような a の値の範囲が イ に該当することを確認しておこう．

2 【解答目安時間 25分】

k を実数の定数とし,$f(x) = e^x - (k-3)x - 4\log(e^x + 1)$ とする.

(1) x の方程式 $f'(x) = 0$ の実数解の個数を k の値の範囲で分類して求めよ.

(2) $f(x)$ の極大値の個数を k の値の範囲で分類して求めよ.

▶ 解答 ◀

(1) $f(x) = e^x - (k-3)x - 4\log(e^x + 1)$ より,

$$f'(x) = e^x - (k-3) - 4 \cdot \frac{e^x}{e^x + 1}$$

$$= \frac{e^{2x} + 3}{e^x + 1} - k.$$

よって,$f'(x) = 0$ の実数解は,$\dfrac{e^{2x} + 3}{e^x + 1} - k = 0$,すなわち,

$$\frac{e^{2x} + 3}{e^x + 1} = k \cdots (\ast)$$

の実数解である.

ここで,$g(x) = \dfrac{e^{2x} + 3}{e^x + 1}$ とおくと,

$$g'(x) = \frac{2e^{2x}(e^x + 1) - (e^{2x} + 3) \cdot e^x}{(e^x + 1)^2}$$

$$= \frac{e^x\{2e^x(e^x + 1) - (e^{2x} + 3)\}}{(e^x + 1)^2}$$

$$= \frac{e^x\{(e^x)^2 + 2e^x - 3\}}{(e^x + 1)^2}$$

$$= \frac{e^x(e^x + 3)(e^x - 1)}{(e^x + 1)^2}.$$

よって,$g(x)$ の増減は次のようになる.

x	$\cdots$	0	$\cdots$
$g'(x)$	$-$	0	$+$
$g(x)$	$\searrow$	2	$\nearrow$

また,$\lim_{x \to -\infty} g(x) = 3$,$\lim_{x \to \infty} g(x) = \infty$ である.

$(\ast)$ より,$f'(x) = 0$ の実数解は,$y = g(x)$ のグラフと直線 $y = k$ の共有点の x 座標であるから,$f'(x) = 0$ の実数解の個数は,$y = g(x)$ のグラフと直線 $y = k$ の共有点の個数に等しい.

微分法

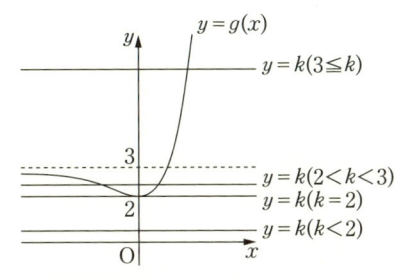

$y = g(x)$ のグラフの概形から，$y = g(x)$ のグラフと直線 $y = k$ の共有点の個数，すなわち，$f'(x) = 0$ の実数解の個数は，

$$\begin{cases} k < 2 \text{ のとき} & 0, \\ k = 2, \ 3 \leq k \text{ のとき} & 1, \\ 2 < k < 3 \text{ のとき} & 2. \end{cases}$$ …(答)

(2) 定数 a に対して，$f(x)$ が $x = a$ で極大となる条件は「$f'(a) = 0$ が成り立ち，かつ，$f'(x)$ が $x = a$ を境に正から負に変わる…(**)」ことである．

そして，$f'(x) = g(x) - k$ より，(**) が成り立つ条件は $y = g(x)$ のグラフと直線 $y = k$ が x 座標が a である点を共有し，かつ，$y = g(x)$ のグラフの直線 $y = k$ に対する位置が $x = a$ を境に上側から下側に変わることである．

(**) を満たす定数 a の個数が，$f(x)$ が極大となるような x の値の個数であるから，$y = g(x)$ のグラフの概形より，$f(x)$ の極大値の個数は，

$$\begin{cases} k \leq 2, \ 3 \leq k \text{ のとき} & 0, \\ 2 < k < 3 \text{ のとき} & 1. \end{cases}$$ …(答)

> **本問のテーマ**
>
> 本問は「導関数の符号の変化に着目して，関数が極大値をもつ条件を求めることができるか」を確認する問題である．
>
> **解答**の(2)に記されているようにして，$f(x)$ が $x = a$ で極大となるという状況を判断できたかを確認しておこう．また，(2)において $f'(x)$ の符号の変化を $y = g(x)$ のグラフと直線 $y = k$ の上下関係で判断していることも確認しておこう．

(補足) 定数 a に対して，$f(x)$ が $x = a$ で極小となる条件は「$f'(a) = 0$ が成り立ち，かつ，$f'(x)$ が $x = a$ を境に負から正に変わること」である．

3 【解答目安時間　20分】2009. 鳥取大（改）

自然対数の底 e と円周率 π について，e^{π} と π^{e} の大小を比較せよ．ただし，$2<e<3<\pi<4$ であることは利用してよい．

▶解答◀

$f(x) = \dfrac{\log x}{x}$ $(x>0)$ とすると，

$$f'(x) = \dfrac{\dfrac{1}{x} \cdot x - (\log x) \cdot 1}{x^2}$$
$$= \dfrac{1 - \log x}{x^2}.$$

このことと $e<\pi$ であることから，$f(x)$ の増減，および，$x=\pi$ のときの $f(x)$ の値を表にまとめると次のようになる．

x	0	$\cdots$	e	$\cdots$	π	$\cdots$
$f'(x)$		+	0	−		
$f(x)$		↗	$f(e)$	↘	$f(\pi)$	↘

したがって，

$$f(e) > f(\pi).$$
$$\dfrac{\log e}{e} > \dfrac{\log \pi}{\pi}.$$
$$\pi \log e > e \log \pi.$$
$$\log e^{\pi} > \log \pi^{e}.$$

底の e は 1 より大きいから，

$$e^{\pi} > \pi^{e}. \qquad \cdots \text{(答)}$$

本問のテーマ

　本問は「適切な関数を利用して数の大小を比較することができるか」を確認する問題である．

　e^π と π^e のように，指数に煩雑な数値や式があるようなものは対数をとって考察するというのは常套手段の一つとして確認しておこう．そして，そのことを踏まえたうえで，正の数 a, b に対して，

$$a^b > b^a \iff \log a^b > \log b^a$$
$$\iff b\log a > a\log b$$
$$\iff \frac{\log a}{a} > \frac{\log b}{b} \cdots (*)$$

が成り立つことから，$\dfrac{\log e}{e}$ と $\dfrac{\log \pi}{\pi}$ の大小がわかれば，e^π と π^e の大小もわかるので，関数 $f(x) = \dfrac{\log x}{x}$ の増減から $\dfrac{\log e}{e}$ と $\dfrac{\log \pi}{\pi}$ の大小を調べるという方針が立つのである．

　また，$(*)$ のように，左辺と右辺をそれぞれ1変数の式で表すという式の整理も本問の解決に役立っている．このことも確認しておこう．

4 【解答目安時間 25分】2014. 東京工業大

$a>1$ とし，次の不等式を考える．

$$(*) \quad \frac{e^t-1}{t} \geqq e^{\frac{t}{a}}.$$

(1) $a=2$ のとき，すべての $t>0$ に対して上の不等式 $(*)$ が成り立つことを示せ．

(2) すべての $t>0$ に対して上の不等式 $(*)$ が成り立つような a の値の範囲を求めよ．

▶ 解答 ◀

(1)（証明）

$f(t)=(e^t-1)-te^{\frac{t}{2}}$ とすると，

$$f'(t)=e^t-\left(1\cdot e^{\frac{t}{2}}+t\cdot\frac{1}{2}e^{\frac{t}{2}}\right)$$

$$=e^{\frac{t}{2}}\left\{e^{\frac{t}{2}}-\left(1+\frac{t}{2}\right)\right\}.$$

ここで，$g(t)=e^{\frac{t}{2}}-\left(1+\frac{t}{2}\right)$ とすると，

$$g'(t)=\frac{1}{2}e^{\frac{t}{2}}-\frac{1}{2}$$

$$=\frac{1}{2}\left(e^{\frac{t}{2}}-1\right).$$

よって，$t>0$ において $g'(t)>0$ となるので，$t>0$ において $g(t)$ は増加する．さらに，$g(0)=0$ より，$t>0$ において $g(t)>0$ となる．

このことと $f'(t)=e^{\frac{t}{2}}\cdot g(t)$ より，$t>0$ において $f'(t)>0$ となるので，$t>0$ において $f(t)$ は増加する．さらに，$f(0)=0$ より，$t>0$ において $f(t)>0$，すなわち，$\frac{e^t-1}{t}>e^{\frac{t}{2}}\cdots(*)'$ となる．

したがって，$a=2$ のとき，$t>0$ を満たすすべての t に対して $(*)$ が成り立つ． (証明終)

(2)（ア） $a\geqq 2$ のとき．

$t>0$ のとき，$e^{\frac{t}{2}}\geqq e^{\frac{t}{a}}$ が成り立つので，このことと (1) の $(*)'$ より，$t>0$ を満たすすべての t に対して $(*)$ が成り立つ．

（イ） $1<a<2$ のとき．

$F(t)=(e^t-1)-te^{\frac{t}{a}}$ とすると，

$$F'(t) = e^t - \left(1 \cdot e^{\frac{t}{a}} + t \cdot \frac{1}{a} e^{\frac{t}{a}}\right)$$
$$= e^{\frac{t}{a}} \left\{ e^{\frac{a-1}{a}t} - \left(1 + \frac{t}{a}\right) \right\}.$$

ここで，$G(t) = e^{\frac{a-1}{a}t} - \left(1 + \frac{t}{a}\right)$ とすると，

$$G'(t) = \frac{a-1}{a} e^{\frac{a-1}{a}t} - \frac{1}{a}$$
$$= \frac{a-1}{a} \left(e^{\frac{a-1}{a}t} - \frac{1}{a-1} \right).$$

$\alpha = \frac{a}{a-1} \log \frac{1}{a-1}$ とおくと，$1<a<2$ より $\frac{a}{a-1}>0$，$\frac{1}{a-1}>1$ であるから，$\alpha>0$ となり，$t \geqq 0$ における $G(t)$ の増減は次のようになる．

t	0	$\cdots$	α	$\cdots$
$G'(t)$		$-$	0	$+$
$G(t)$	0	$\searrow$		$\nearrow$

このことと $F'(t) = e^{\frac{t}{a}} \cdot G(t)$ より，$0<t<\alpha$ において $F'(t)<0$ となるので，$0<t<\alpha$ において $F(t)$ は減少する．さらに，$F(0)=0$ より，$0<t<\alpha$ において $F(t)<0$，すなわち，$\frac{e^t-1}{t} < e^{\frac{t}{a}}$ となる．

よって，$t>0$ を満たすすべての t に対して $(*)$ は成り立たない．

(ア)，(イ)より，$t>0$ を満たすすべての t に対して $(*)$ が成り立つような a の値の範囲は，**$a \geqq 2$**．　…(答)

> **本問のテーマ**
>
> **本問は「関数の増減を調べて不等式を導くことができるか」を確認する問題である．**
>
> $t>0$ のとき，「$(*) \iff (e^t-1) - te^{\frac{t}{a}} > 0 \cdots (**)$」であるから，**解答**では$(**)$の左辺の増減を調べることで解決を図っているが，$(**)$の左辺の導関数の符号を調べるために，**解答**のように$g(x)$や$G(x)$という関数の符号を調べるという過程があることを確認しておこう．
>
> また，(1)を解いてから(2)に臨むと，**解答**の(2)の(ア)のようにして，求める a の値の範囲に $a \geqq 2$ が含まれることがわかることも確認しておこう．

1 【解答目安時間 25分】 2005. 名古屋大

(1) 連続関数 $f(x)$ が，すべての実数 x について $f(\pi-x)=f(x)$ を満たすとき，$\int_0^\pi \left(x-\dfrac{\pi}{2}\right)f(x)dx=0$ が成り立つことを証明せよ．

(2) $\int_0^\pi \dfrac{x\sin^3 x}{4-\cos^2 x}dx$ を求めよ．

解答

(1)（証明）

$$I=\int_0^\pi \left(x-\dfrac{\pi}{2}\right)f(x)dx \text{ とする．}$$

x	0	$\to$	π
t	π	$\to$	0

$x=\pi-t$ とおくと，$\dfrac{dx}{dt}=-1$．

このことと，すべての実数 x について $f(\pi-x)=f(x)$ であることから，

$$I=\int_\pi^0 \left\{(\pi-t)-\dfrac{\pi}{2}\right\}f(\pi-t)\cdot(-1)dt$$
$$=-\int_0^\pi \left(t-\dfrac{\pi}{2}\right)f(t)dt$$
$$=-\int_0^\pi \left(x-\dfrac{\pi}{2}\right)f(x)dx$$
$$=-I.$$

よって，$I=-I$，すなわち，$I=0$ となり，$\int_0^\pi \left(x-\dfrac{\pi}{2}\right)f(x)dx=0$ が成り立つ．

（証明終）

(2) $g(x)=\dfrac{\sin^3 x}{4-\cos^2 x}$ とおくと，

$$g(\pi-x)=\dfrac{\sin^3(\pi-x)}{4-\cos^2(\pi-x)}$$
$$=\dfrac{\sin^3 x}{4-(-\cos x)^2}$$
$$=\dfrac{\sin^3 x}{4-\cos^2 x}$$
$$=g(x)$$

となるので，$g(x)$ はすべての実数 x について $g(\pi-x)=g(x)$ を満たす連続関数であるから，(1)より，$\int_0^\pi \left(x-\dfrac{\pi}{2}\right)g(x)dx=0$，すなわち，

$$\int_0^\pi xg(x)dx=\dfrac{\pi}{2}\int_0^\pi g(x)dx.$$

積分法

このことから，
$$\int_0^\pi \frac{x\sin^3 x}{4-\cos^2 x}dx = \frac{\pi}{2}\int_0^\pi \frac{\sin^3 x}{4-\cos^2 x}dx$$
$$= \frac{\pi}{2}\int_0^\pi \frac{\sin^2 x}{\cos^2 x - 4}\cdot(-\sin x)dx$$
$$= \frac{\pi}{2}\int_0^\pi \frac{1-\cos^2 x}{\cos^2 x - 4}\cdot(\cos x)' dx.$$

$u=\cos x$ とおくと，$\dfrac{du}{dx} = (\cos x)'$ であるから，

x	0	$\to$	π
u	1	$\to$	-1

$$\int_0^\pi \frac{x\sin^3 x}{4-\cos^2 x}dx = \frac{\pi}{2}\int_1^{-1} \frac{1-u^2}{u^2-4}du$$
$$= \frac{\pi}{2}\int_{-1}^1 \frac{u^2-1}{u^2-4}du$$
$$= \frac{\pi}{2}\int_{-1}^1 \left(1+\frac{3}{u^2-4}\right)du$$
$$= \frac{\pi}{2}\int_{-1}^1 \left\{1+\frac{3}{(u-2)(u+2)}\right\}du$$
$$= \frac{\pi}{2}\int_{-1}^1 \left\{1+\frac{3}{4}\left(\frac{1}{u-2}-\frac{1}{u+2}\right)\right\}du$$
$$= \frac{\pi}{2}\left[u+\frac{3}{4}(\log|u-2|-\log|u+2|)\right]_{-1}^1$$
$$= \pi - \frac{3}{4}\pi\log 3. \qquad \cdots\text{(答)}$$

> **本問のテーマ**
>
> 本問は「置換積分法を的確に利用できるか」を確認する問題である．
> (1)では，すべての実数 x について $f(\pi-x) = f(x)$ であることに着目して，$x = \pi - t$ とおくことで，$I = -I$ という等式が得られることを確認しておこう．そして，(1)の等式を利用すると，(2)は三角関数の式の定積分を求めるだけの単純な問題になることも確認しておこう．

（補足） $1+\dfrac{3}{u^2-4}$ は u についての偶関数なので，
$$\int_{-1}^1 \left(1+\frac{3}{u^2-4}\right)du = 2\int_0^1 \left(1+\frac{3}{u^2-4}\right)du$$
と変形してもよい．

第7章 積分法

2 【解答目安時間　20分】

aを定数とする．xの方程式$\sin 2x = 2a\cos x$が$0 < x < \frac{\pi}{2}$において解をもつようなaの値の範囲は ア である．aが ア を満たすとき，2つの曲線

$$C_1 : y = \sin 2x \left(0 \leq x \leq \frac{\pi}{2}\right),\ C_2 : y = 2a\cos x \left(0 \leq x \leq \frac{\pi}{2}\right),$$

および，y軸で囲まれた部分の面積をSとする．$S = \frac{1}{3}$となるようなaの値は イ である．

▶解答◀

$\sin 2x = 2a\cos x$ より，

$$2\sin x \cos x = 2a\cos x.$$
$$2\cos x(\sin x - a) = 0.$$

$0 < x < \frac{\pi}{2}$ より，$2\cos x \neq 0$ であるから，$\sin 2x = 2a\cos x$ が $0 < x < \frac{\pi}{2}$ において解をもつ条件は $\sin x - a = 0$，すなわち，

$$\sin x = a \cdots (\ast)$$

が $0 < x < \frac{\pi}{2}$ に解をもつことである．

したがって，$\sin 2x = 2a\cos x$ が $0 < x < \frac{\pi}{2}$ に解をもつ，すなわち，$(\ast)$ が $0 < x < \frac{\pi}{2}$ に解をもつような a の値の範囲は $\boxed{0 < a < 1}$ ア．

$0 < a < 1$ のとき，$(\ast)$ の $0 < x < \frac{\pi}{2}$ における解は1個であり，この解を α とおくことにする．

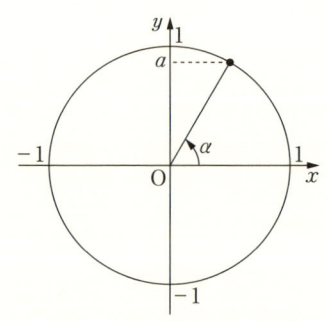

C_1 と C_2 の $0 < x < \frac{\pi}{2}$ における共有点の x 座標は $(\ast)$ の $0 < x < \frac{\pi}{2}$ における解であるから，$0 < a < 1$ のとき，C_1 と C_2 は $0 < x < \frac{\pi}{2}$ において，x 座標が α

である点のみを共有する.

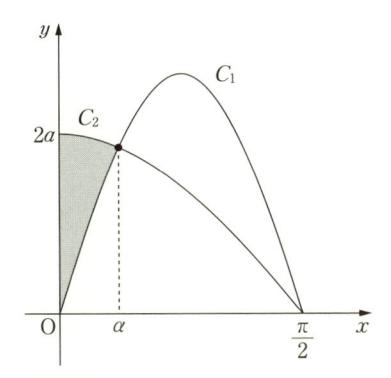

このことと,α が($*$)の解であることにより $\sin\alpha = a$ が成り立つことから,

$$\begin{aligned}S &= \int_0^\alpha (2a\cos x - \sin 2x)dx \\ &= \left[2a\sin x + \frac{1}{2}\cos 2x\right]_0^\alpha \\ &= 2a\sin\alpha + \frac{1}{2}\cos 2\alpha - \frac{1}{2} \\ &= 2a\sin\alpha + \frac{1}{2}(1 - 2\sin^2\alpha) - \frac{1}{2} \\ &= 2a\sin\alpha - \sin^2\alpha. \\ &= 2a\cdot a - a^2 \\ &= a^2.\end{aligned}$$

$0 < a < 1$ より,$S = \frac{1}{3}$ となるような a の値は $\boxed{\dfrac{1}{\sqrt{3}}}$.

> **本問のテーマ**
>
> 　本問は「2つの曲線で囲まれた部分の面積を求めるときに,自ら共有点の x 座標をおくことで,面積を求める式を計算できるか」を確認する問題である.
>
> 　S を求めるために,C_1 と C_2 の共有点の x 座標である($*$)の解が必要になる.したがって,($*$)の解を α とでもおくことになるが,$\sin\alpha = a$ という α が満たす条件を利用することで,結局,S は a のみの式で表される.このことを確認しておこう.

3 【解答目安時間　20 分】2007. 奈良県立医科大（改）

(1)　定積分 $\int_0^{\frac{\pi}{2}} x^2 \cos x \, dx$ を求めよ．

(2)　線分 l，曲線 C を $l: y = \dfrac{2}{\pi} x \left(0 \leq x \leq \dfrac{\pi}{2}\right)$，$C: y = \sin x \left(0 \leq x \leq \dfrac{\pi}{2}\right)$ とする．線分 l と曲線 C とで囲まれた図形を x 軸を中心に 1 回転してできる立体の体積を V，y 軸を中心に回転してできる立体の体積を W とする．このとき，V と W の値を求めよ．

───▶ 解答 ◀───

(1)　$\displaystyle\int_0^{\frac{\pi}{2}} x^2 \cos x \, dx = \left[x^2 \sin x\right]_0^{\frac{\pi}{2}} - \int_0^{\frac{\pi}{2}} 2x \sin x \, dx$

$\qquad\qquad\qquad\quad = \dfrac{\pi^2}{4} - 2 \int_0^{\frac{\pi}{2}} x \sin x \, dx$

$\qquad\qquad\qquad\quad = \dfrac{\pi^2}{4} - 2 \left\{ \left[x \cdot (-\cos x)\right]_0^{\frac{\pi}{2}} - \int_0^{\frac{\pi}{2}} (-\cos x) \, dx \right\}$

$\qquad\qquad\qquad\quad = \dfrac{\pi^2}{4} - 2 \left(0 - \left[\sin x\right]_0^{\frac{\pi}{2}} \right)$

$\qquad\qquad\qquad\quad = \dfrac{\pi^2}{4} - 2 \cdot 1$

$\qquad\qquad\qquad\quad = \dfrac{\pi^2}{4} - 2.$　　　　　　　　　　…（答）

(2)　線分 l と曲線 C とで囲まれた図形は次の図の網目部分である．

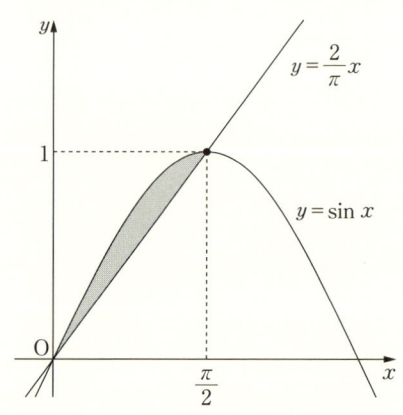

よって，

積分法

$$V = \int_0^{\frac{\pi}{2}} \pi \sin^2 x \, dx - \frac{1}{3}\pi \cdot 1^2 \cdot \frac{\pi}{2}$$
$$= \pi \int_0^{\frac{\pi}{2}} \frac{1-\cos 2x}{2} \, dx - \frac{\pi^2}{6}$$
$$= \pi \left[\frac{1}{2}x - \frac{1}{4}\sin 2x\right]_0^{\frac{\pi}{2}} - \frac{\pi^2}{6}$$
$$= \frac{\pi^2}{4} - \frac{\pi^2}{6}$$
$$= \frac{\pi^2}{12}. \qquad \cdots (答)$$

また,$y = \sin x \left(0 \le x \le \frac{\pi}{2}\right)$ において,

$$W = \frac{1}{3}\pi \cdot \left(\frac{\pi}{2}\right)^2 \cdot 1 - \int_0^1 \pi x^2 \, dy$$
$$= \frac{\pi^3}{12} - \pi \int_0^1 x^2 \, dy.$$

ここで,$y = \sin x$ より,$\dfrac{dy}{dx} = \cos x$.
したがって,

y	$0 \to 1$
x	$0 \to \dfrac{\pi}{2}$

$$W = \frac{\pi^3}{12} - \pi \int_0^{\frac{\pi}{2}} x^2 \cos x \, dx.$$

(1)より,

$$W = \frac{\pi^3}{12} - \pi\left(\frac{\pi^2}{4} - 2\right)$$
$$= -\frac{\pi^3}{6} + 2\pi. \qquad \cdots (答)$$

> **本問のテーマ**
>
> 本問は「y 軸のまわりの回転体の体積を置換積分法を活用して求めることができるか」を確認する問題である.
>
> (2)の W を求める際に,$y = \sin x$ を(高等学校で学ぶ数学では)x について解くことができず,$\int_0^1 x^2 \, dy$ をどのように計算すればよいのかと悩むかもしれないが,**解答**にあるように置換積分法を利用して積分変数を x にするという方法で,その悩みは解消される.このことを確認しておこう.

4 【解答目安時間　25 分】 2002. 東京大

O を原点とする xyz 空間に点 $P_k\left(\dfrac{k}{n}, 1-\dfrac{k}{n}, 0\right)$, $k=0, 1, \cdots, n$ をとる. また z 軸上 $z \geqq 0$ の部分に, 点 Q_k を線分 P_kQ_k の長さが 1 になるようにとる. 三角錐（すい）$OP_kP_{k+1}Q_k$ の体積を V_k とおいて, $\displaystyle\lim_{n\to\infty}\sum_{k=0}^{n-1}V_k$ を求めよ.

▶ 解答 ◀

点 Q_k は z 軸上 $z \geqq 0$ の部分にあるので, $Q_k(0, 0, q_k)(q_k \geqq 0)$ とおける.

$P_kQ_k=1$ より, $\sqrt{\left(\dfrac{k}{n}\right)^2+\left(1-\dfrac{k}{n}\right)^2+q_k^2}=1$.

このことと $q_k \geqq 0$ より, $q_k=\sqrt{1-\left(\dfrac{k}{n}\right)^2-\left(1-\dfrac{k}{n}\right)^2}$ …①.

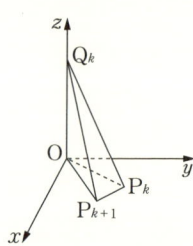

また, 2 点 P_k, P_{k+1} は直線 $x+y=1$ 上にあり,

$P_kP_{k+1}=\dfrac{1}{n}P_0P_n$ であるから,

$$\triangle OP_kP_{k+1}=\dfrac{1}{n}\triangle OP_0P_n$$
$$=\dfrac{1}{n}\cdot\left(\dfrac{1}{2}\cdot 1 \cdot 1\right)$$
$$=\dfrac{1}{2n} \cdots ②.$$

$V_k=\dfrac{1}{3}\cdot\triangle OP_kP_{k+1}\cdot q_k$ であるから, ①, ② より,

$$V_k=\dfrac{1}{3}\cdot\dfrac{1}{2n}\cdot\sqrt{1-\left(\dfrac{k}{n}\right)^2-\left(1-\dfrac{k}{n}\right)^2}$$
$$=\dfrac{1}{6n}\cdot\sqrt{-2\cdot\left(\dfrac{k}{n}\right)^2+2\cdot\left(\dfrac{k}{n}\right)}.$$

よって,

$$\lim_{n\to\infty}\sum_{k=0}^{n-1}V_k=\lim_{n\to\infty}\sum_{k=0}^{n-1}\dfrac{1}{6n}\cdot\sqrt{-2\cdot\left(\dfrac{k}{n}\right)^2+2\cdot\left(\dfrac{k}{n}\right)}$$
$$=\lim_{n\to\infty}\dfrac{1}{6}\cdot\dfrac{1}{n}\sum_{k=0}^{n-1}\sqrt{-2\cdot\left(\dfrac{k}{n}\right)^2+2\cdot\left(\dfrac{k}{n}\right)}$$
$$=\dfrac{1}{6}\int_0^1\sqrt{-2x^2+2x}\,dx$$
$$=\dfrac{\sqrt{2}}{6}\int_0^1\sqrt{\dfrac{1}{4}-\left(x-\dfrac{1}{2}\right)^2}\,dx.$$

ここで, $x-\dfrac{1}{2}=\dfrac{1}{2}\sin\theta$, すなわち, $x=\dfrac{1}{2}\sin\theta+\dfrac{1}{2}$ とおく.

積分法

$\dfrac{dx}{d\theta} = \dfrac{1}{2}\cos\theta$，および，$-\dfrac{\pi}{2} \leqq \theta \leqq \dfrac{\pi}{2}$ において
$\sqrt{\cos^2\theta} = \cos\theta$ であることから，

x	0	$\to$	1
θ	$-\dfrac{\pi}{2}$	$\to$	$\dfrac{\pi}{2}$

$$\lim_{n \to \infty} \sum_{k=0}^{n-1} V_k = \dfrac{\sqrt{2}}{6} \int_{-\frac{\pi}{2}}^{\frac{\pi}{2}} \sqrt{\dfrac{1}{4} - \left(\dfrac{1}{2}\sin\theta\right)^2} \cdot \left(\dfrac{1}{2}\cos\theta\right) d\theta$$

$$= \dfrac{\sqrt{2}}{6} \int_{-\frac{\pi}{2}}^{\frac{\pi}{2}} \dfrac{1}{4}\sqrt{1-\sin^2\theta} \cdot (\cos\theta)\, d\theta$$

$$= \dfrac{\sqrt{2}}{24} \int_{-\frac{\pi}{2}}^{\frac{\pi}{2}} \sqrt{\cos^2\theta} \cdot (\cos\theta)\, d\theta$$

$$= \dfrac{\sqrt{2}}{24} \int_{-\frac{\pi}{2}}^{\frac{\pi}{2}} \cos^2\theta\, d\theta$$

$$= \dfrac{\sqrt{2}}{24} \int_{-\frac{\pi}{2}}^{\frac{\pi}{2}} \dfrac{1+\cos 2\theta}{2}\, d\theta$$

$$= \dfrac{\sqrt{2}}{24} \left[\dfrac{1}{2}\theta + \dfrac{1}{4}\sin 2\theta\right]_{-\frac{\pi}{2}}^{\frac{\pi}{2}}$$

$$= \dfrac{\sqrt{2}}{48}\pi. \qquad \cdots (\text{答})$$

> **本問のテーマ**
>
> 本問は「区分求積法によって極限を求めることができるか」を確認する問題である．
>
> 本問の極限を区分求積法で求めるという方針を確認しておこう．

（補足）　解答のように，$-2x^2+2x$ を平方完成すると $\displaystyle\int_0^1 \sqrt{-2x^2+2x}\, dx$ が求められる．

さらに，円 $\left(x-\dfrac{1}{2}\right)^2 + y^2 = \dfrac{1}{4}$ の $y \geqq 0$ の部分が $y = \sqrt{\dfrac{1}{4} - \left(x-\dfrac{1}{2}\right)^2}$ のグラフなので，右図の半円の面積こそが $\displaystyle\int_0^1 \sqrt{\dfrac{1}{4} - \left(x-\dfrac{1}{2}\right)^2}\, dx$ の値に他ならないのである．

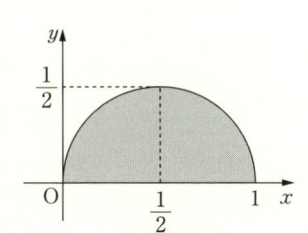

第7章 積分法

5【解答目安時間　15分】2013. 早稲田大（改）

a, b を正の定数とする．$\displaystyle\int_0^{2\pi} |a\sin x + b\cos x|\,dx$ を求めよ．

── ▶ 解答 ◀ ──

a, b は正の定数であるから，
$$\cos\alpha = \frac{a}{\sqrt{a^2+b^2}} \quad \text{かつ} \quad \sin\alpha = \frac{b}{\sqrt{a^2+b^2}} \quad \text{かつ} \quad 0 < \alpha < \frac{\pi}{2}$$
を満たす α が存在し，$a\sin x + b\cos x = \sqrt{a^2+b^2}\sin(x+\alpha)$ が成り立つ．

よって，
$$\int_0^{2\pi} |a\sin x + b\cos x|\,dx = \int_0^{2\pi} |\sqrt{a^2+b^2}\sin(x+\alpha)|\,dx$$
$$= \int_0^{2\pi} \sqrt{a^2+b^2}\,|\sin(x+\alpha)|\,dx$$
$$= \sqrt{a^2+b^2}\int_0^{2\pi} |\sin(x+\alpha)|\,dx.$$

ここで，$t = x+\alpha$，すなわち，$x = t-\alpha$ とおくと，$\dfrac{dx}{dt} = 1$ であるから，

x	0 → 2π
t	α → $\alpha+2\pi$

$$\int_0^{2\pi} |a\sin x + b\cos x|\,dx$$
$$= \sqrt{a^2+b^2}\int_\alpha^{\alpha+2\pi} |\sin t|\cdot 1\,dt$$
$$= \sqrt{a^2+b^2}\int_\alpha^{\alpha+2\pi} |\sin t|\,dt$$
$$= \sqrt{a^2+b^2}\left\{\int_\alpha^{\pi}\sin t\,dt + \int_\pi^{2\pi}(-\sin t)\,dt + \int_{2\pi}^{\alpha+2\pi}\sin t\,dt\right\}$$
$$= \sqrt{a^2+b^2}\left\{[(-\cos t)]_\alpha^\pi + [\cos t]_\pi^{2\pi} + [(-\cos t)]_{2\pi}^{\alpha+2\pi}\right\}$$
$$= \sqrt{a^2+b^2}[(1+\cos\alpha) + 2 + \{-\cos(\alpha+2\pi)+1\}]$$
$$= \sqrt{a^2+b^2}\{(1+\cos\alpha) + 2 + (-\cos\alpha+1)\}$$
$$= \sqrt{a^2+b^2}\cdot 4$$
$$= 4\sqrt{a^2+b^2}. \qquad\cdots\text{(答)}$$

積分法

> **本問のテーマ**
>
> 　本問は「絶対値記号を含む関数の定積分を求めることができるか」を確認する問題である．
>
> 　まず，$a\sin x + b\cos x$ を合成することで，$a\sin x + b\cos x$ の符号の判断をしやすくしていることを確認しておこう．
>
> 　**解答**において，α は第 1 象限の角であるから，$x = t - \alpha$ と置換した後の積分区間 $\alpha \leq t \leq \alpha + 2\pi$ に対して，
>
> $$\alpha \leq t \leq \pi \text{ のとき } \sin t \geq 0,$$
> $$\pi \leq t \leq 2\pi \text{ のとき } \sin t \leq 0,$$
> $$2\pi \leq t \leq \alpha + 2\pi \text{ のとき } \sin t \geq 0,$$
>
> となるので，**解答**のように積分区間を分けることで，定積分を求められることも確認しておこう．

（補足）　**解答**の定積分 $\displaystyle\int_{\alpha}^{\alpha+2\pi} |\sin t|\, dt$ は，下図の網目部分の面積に等しい．

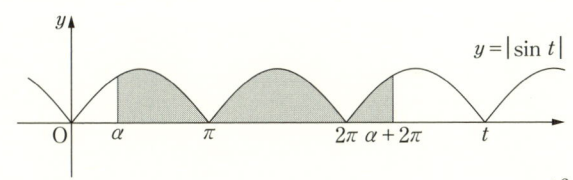

このことと $y = |\sin t|$ の周期が π であることから，$\displaystyle\int_{\alpha}^{\alpha+2\pi} |\sin t|\, dt$ の値は $y = \sin t$ のグラフの $0 \leq t \leq \pi$ の部分と x 軸で囲まれた部分の面積の 2 倍に等しいことがわかる．

（補足）　$x = t - \alpha$ と置換せずに，

$$\int_{0}^{2\pi} |\sin(x+\alpha)|\, dx$$
$$= \int_{0}^{\pi-\alpha} \sin(x+\alpha)\, dx + \int_{\pi-\alpha}^{2\pi-\alpha} \{-\sin(x+\alpha)\}\, dx + \int_{2\pi-\alpha}^{2\pi} \sin(x+\alpha)\, dx$$

として，$\displaystyle\int_{0}^{2\pi} |\sin(x+\alpha)|\, dx$ の値を求めることもできる．

第7章　積分法

6 【解答目安時間 20分】2008. 群馬大（改）

a, b は定数，m, n は 0 以上の整数とし，$I(m, n) = \int_a^b (x-a)^m (x-b)^n \, dx$ とする．

(1) $I(m, 0)$ を求めよ．

(2) 部分積分法を用いて，$I(m, n)$ を $I(m+1, n-1)$, m, n で表せ．ただし，n は 1 以上の整数とする．

(3) $I(5, 3)$ の値を求めよ．

▶ 解答 ◀

(1)
$$I(m, 0) = \int_a^b (x-a)^m \, dx$$
$$= \left[\frac{(x-a)^{m+1}}{m+1} \right]_a^b$$
$$= \frac{(b-a)^{m+1}}{m+1}. \quad \cdots (\text{答})$$

(2)
$$I(m, n) = \int_a^b (x-a)^m (x-b)^n \, dx$$
$$= \left[\frac{(x-a)^{m+1}}{m+1} \cdot (x-b)^n \right]_a^b - \int_a^b \frac{(x-a)^{m+1}}{m+1} \cdot n(x-b)^{n-1} \, dx$$
$$= 0 - \frac{n}{m+1} \int_a^b (x-a)^{m+1} (x-b)^{n-1} \, dx$$
$$= -\frac{n}{m+1} \int_a^b (x-a)^{m+1} (x-b)^{n-1} \, dx$$

より，$I(m, n) = -\dfrac{n}{m+1} I(m+1, n-1) \cdots (*)$． $\cdots (\text{答})$

(3) (1)と(2)の $(*)$ より，
$$I(5, 3) = -\frac{3}{6} I(6, 2)$$
$$= -\frac{3}{6} \cdot \left(-\frac{2}{7} \right) \cdot I(7, 1)$$
$$= -\frac{3}{6} \cdot \left(-\frac{2}{7} \right) \cdot \left(-\frac{1}{8} \right) \cdot I(8, 0)$$
$$= -\frac{3}{6} \cdot \left(-\frac{2}{7} \right) \cdot \left(-\frac{1}{8} \right) \cdot \frac{(b-a)^9}{9}$$
$$= -\frac{(b-a)^9}{504}. \quad \cdots (\text{答})$$

> **本問のテーマ**
>
> 　本問は「部分積分法を利用して定積分に関する漸化式を導くことができるか」を確認する問題である．
> 　(2)において，$I(m, n)$ を $I(m+1, n-1)$，m，n で表すために**解答**のように部分積分法を用いていることを確認しておこう．

(補足)　(1)と(2)の(∗)より，

$$\begin{aligned}
I(m, n) &= -\frac{n}{m+1} I(m+1, n-1) \\
&= -\frac{n}{m+1} \cdot \left(-\frac{n-1}{m+2}\right) \cdot I(m+2, n-2) \\
&= -\frac{n}{m+1} \cdot \left(-\frac{n-1}{m+2}\right) \cdot \left(-\frac{n-2}{m+3}\right) \cdot I(m+3, n-3) \\
&\vdots \\
&= -\frac{n}{m+1} \cdot \left(-\frac{n-1}{m+2}\right) \cdot \left(-\frac{n-2}{m+3}\right) \cdots \left(-\frac{1}{m+n}\right) \cdot I(m+n, 0) \\
&= (-1)^n \cdot \frac{n(n-1)(n-2)\cdots 1}{(m+1)(m+2)(m+3)\cdots(m+n)} \cdot \frac{(b-a)^{m+n+1}}{m+n+1} \\
&= (-1)^n \cdot \frac{m!n!}{(m+n+1)!} (b-a)^{m+n+1}
\end{aligned}$$

となることがわかる．

7 【解答目安時間　20分】

n を正の整数とし，$I_n = \int_0^{\frac{\pi}{2}} \sin^n x \, dx$ とする．$I_1 = \boxed{\text{ア}}$，$I_2 = \boxed{\text{イ}}$ である．また，$\sin^{n+2} x = (\sin^{n+1} x) \cdot (\sin x)$ であることに着目して，I_{n+2} に部分積分法を適用すると，$I_{n+2} = \boxed{\text{ウ}} I_n$ となり，$I_5 = \boxed{\text{エ}}$，$I_6 = \boxed{\text{オ}}$ となる．

━▶解答◀━

$$I_1 = \int_0^{\frac{\pi}{2}} \sin x \, dx$$
$$= [-\cos x]_0^{\frac{\pi}{2}}$$
$$= \boxed{1}^{\text{ア}}.$$

$$I_2 = \int_0^{\frac{\pi}{2}} \sin^2 x \, dx$$
$$= \int_0^{\frac{\pi}{2}} \frac{1 - \cos 2x}{2} \, dx$$
$$= \left[\frac{1}{2}x - \frac{1}{4}\sin 2x\right]_0^{\frac{\pi}{2}}$$
$$= \boxed{\frac{\pi}{4}}^{\text{イ}}.$$

$$I_{n+2} = \int_0^{\frac{\pi}{2}} \sin^{n+2} x \, dx$$
$$= \int_0^{\frac{\pi}{2}} (\sin^{n+1} x) \cdot (\sin x) \, dx$$
$$= [(\sin^{n+1} x) \cdot (-\cos x)]_0^{\frac{\pi}{2}} - \int_0^{\frac{\pi}{2}} \{(n+1) \cdot (\sin^n x) \cdot (\cos x)\} \cdot (-\cos x) \, dx$$
$$= 0 + (n+1) \int_0^{\frac{\pi}{2}} (\sin^n x) \cdot (\cos^2 x) \, dx$$
$$= (n+1) \int_0^{\frac{\pi}{2}} (\sin^n x) \cdot (1 - \sin^2 x) \, dx$$
$$= (n+1) \int_0^{\frac{\pi}{2}} (\sin^n x - \sin^{n+2} x) \, dx$$
$$= (n+1) \left(\int_0^{\frac{\pi}{2}} \sin^n x \, dx - \int_0^{\frac{\pi}{2}} \sin^{n+2} x \, dx \right)$$
$$= (n+1)(I_n - I_{n+2})$$

第7章　積分法

より，$I_{n+2} = (n+1)(I_n - I_{n+2})$，すなわち，$I_{n+2} = \boxed{\dfrac{n+1}{n+2}}^{\text{ウ}} I_n \cdots (*)$.

$(*)$ と $I_1 = 1$ より，

$$\begin{aligned} I_5 &= \frac{4}{5} I_3 \\ &= \frac{4}{5} \cdot \frac{2}{3} I_1 \\ &= \frac{4}{5} \cdot \frac{2}{3} \cdot 1 \\ &= \boxed{\frac{8}{15}}^{\text{エ}}. \end{aligned}$$

$(*)$ と $I_2 = \dfrac{\pi}{4}$ より，

$$\begin{aligned} I_6 &= \frac{5}{6} I_4 \\ &= \frac{5}{6} \cdot \frac{3}{4} I_2 \\ &= \frac{5}{6} \cdot \frac{3}{4} \cdot \frac{\pi}{4} \\ &= \boxed{\frac{5}{32}\pi}^{\text{オ}}. \end{aligned}$$

> **本問のテーマ**
>
> 本問は「$\sin^n x$ の定積分に関する漸化式を導くことができるか」を確認する問題である．
>
> $\sin^{n+2} x = (\sin^{n+1} x) \cdot (\sin x)$ であることに着目して，**解答**のように，I_{n+2} と I_n の関係式が導けることを確認しておこう．

（補足） $I_1 = 1$ より，$(*)$ から，n が奇数のとき，

$$I_n = \frac{n-1}{n} \cdot \frac{n-3}{n-2} \cdot \frac{n-5}{n-4} \cdots \frac{4}{5} \cdot \frac{2}{3} \cdot 1$$

となる．

また，$I_2 = \dfrac{\pi}{4}$，すなわち，$I_2 = \dfrac{1}{2} \cdot \dfrac{\pi}{2}$ より，$(*)$ から，n が偶数のとき，

$$I_n = \frac{n-1}{n} \cdot \frac{n-3}{n-2} \cdot \frac{n-5}{n-4} \cdots \frac{3}{4} \cdot \frac{1}{2} \cdot \frac{\pi}{2}$$

となる．

8 【解答目安時間　20分】2014. 大阪大

$\displaystyle\sum_{n=1}^{40000}\dfrac{1}{\sqrt{n}}$ の整数部分を求めよ．

▶解答◀

n を正の整数とする．$n \leqq x \leqq n+1$ において，$\dfrac{1}{\sqrt{n+1}} \leqq \dfrac{1}{\sqrt{x}} \leqq \dfrac{1}{\sqrt{n}}$ が成り立つ．ただし，いずれの等号も $n \leqq x \leqq n+1$ でつねには成り立たない．

よって，
$$\int_n^{n+1} \dfrac{1}{\sqrt{n+1}}\,dx < \int_n^{n+1} \dfrac{1}{\sqrt{x}}\,dx < \int_n^{n+1} \dfrac{1}{\sqrt{n}}\,dx$$

すなわち，
$$\dfrac{1}{\sqrt{n+1}} < \int_n^{n+1} \dfrac{1}{\sqrt{x}}\,dx < \dfrac{1}{\sqrt{n}}.$$

このことから，
$$\sum_{n=1}^{39999}\dfrac{1}{\sqrt{n+1}} < \sum_{n=1}^{39999}\int_n^{n+1}\dfrac{1}{\sqrt{x}}\,dx < \sum_{n=1}^{39999}\dfrac{1}{\sqrt{n}} \cdots (*).$$

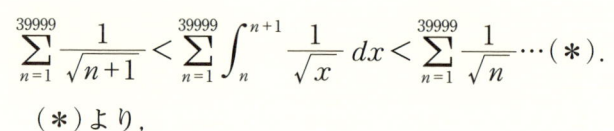

$(*)$ より，
$$\sum_{n=1}^{40000}\dfrac{1}{\sqrt{n}} - 1 < \int_1^{40000}\dfrac{1}{\sqrt{x}}\,dx < \sum_{n=1}^{40000}\dfrac{1}{\sqrt{n}} - \dfrac{1}{200} \cdots (*)'.$$

ここで，
$$\int_1^{40000}\dfrac{1}{\sqrt{x}}\,dx = \left[2\sqrt{x}\right]_1^{40000}$$
$$= 398$$

であるから，$(*)'$ より，
$$\sum_{n=1}^{40000}\dfrac{1}{\sqrt{n}} - 1 < 398 < \sum_{n=1}^{40000}\dfrac{1}{\sqrt{n}} - \dfrac{1}{200}$$

すなわち，
$$398 + \dfrac{1}{200} < \sum_{n=1}^{40000}\dfrac{1}{\sqrt{n}} < 399.$$

積分法

したがって，$\displaystyle\sum_{n=1}^{40000} \frac{1}{\sqrt{n}}$ の整数部分は 398． …(答)

> **本問のテーマ**
>
> 本問は「定積分についての不等式を立てることで，与えられた和の値の範囲を求めることができるか」を確認する問題である．
>
> **解答**のように，定積分についての不等式を立式することを確認しておこう．

(補足) $\displaystyle\sum_{n=1}^{40000} \frac{1}{\sqrt{n}} = 1 + \sum_{n=2}^{40000} \frac{2}{2\sqrt{n}}$，$\displaystyle\sum_{n=2}^{40000} \frac{2}{2\sqrt{n}} < \sum_{n=2}^{40000} \frac{2}{\sqrt{n}+\sqrt{n-1}}$ であることと

$$1 + \sum_{n=2}^{40000} \frac{2}{\sqrt{n}+\sqrt{n-1}}$$
$$= 1 + 2\sum_{n=2}^{40000} (\sqrt{n} - \sqrt{n-1})$$
$$= 1 + 2 \cdot \{(\sqrt{2}-\sqrt{1}) + (\sqrt{3}-\sqrt{2}) + \cdots + (\sqrt{40000}-\sqrt{39999})\}$$
$$= 1 + 2 \cdot (\sqrt{40000} - \sqrt{1})$$
$$= 399$$

となることからも，$\displaystyle\sum_{n=1}^{40000} \frac{1}{\sqrt{n}} < 399$ が成り立つことがわかる．

また，$\displaystyle\sum_{n=1}^{40000} \frac{1}{\sqrt{n}} = \sum_{n=1}^{39999} \frac{2}{2\sqrt{n}} + \frac{1}{200}$，$\displaystyle\sum_{n=1}^{39999} \frac{2}{2\sqrt{n}} > \sum_{n=1}^{39999} \frac{2}{\sqrt{n+1}+\sqrt{n}}$

であることと

$$\sum_{n=1}^{39999} \frac{2}{\sqrt{n+1}+\sqrt{n}} + \frac{1}{200}$$
$$= 2\sum_{n=1}^{39999} (\sqrt{n+1} - \sqrt{n}) + \frac{1}{200}$$
$$= 2 \cdot \{(\sqrt{2}-\sqrt{1}) + (\sqrt{3}-\sqrt{2}) + \cdots + (\sqrt{40000}-\sqrt{39999})\} + \frac{1}{200}$$
$$= 2 \cdot (\sqrt{40000} - \sqrt{1}) + \frac{1}{200}$$
$$= 398 + \frac{1}{200}$$

となることからも，$398 + \dfrac{1}{200} < \displaystyle\sum_{n=1}^{40000} \frac{1}{\sqrt{n}}$ が成り立つことがわかる．

第7章 積分法

1 【解答目安時間　25分】1998.筑波大

関数 $f(x) = \displaystyle\int_x^{2x+1} \dfrac{1}{t^2+1}\, dt$ について，次の問いに答えよ．

(1)　$f(x)=0$ となる x を求めよ．

(2)　$f'(x)=0$ となる x を求めよ．

(3)　$f(x)$ の最大値を求めよ．

▶ 解答 ◀

(1)（ア）　$x = 2x+1$，すなわち，$x = -1$ のとき．

$$f(x) = f(-1) = \int_{-1}^{-1} \dfrac{1}{t^2+1}\, dt = 0$$ より，$x = -1$ は $f(x) = 0$ を満たす．

（イ）　$x < 2x+1$，すなわち，$x > -1$ のとき．

$x < 2x+1$，$\dfrac{1}{t^2+1} > 0$ であることから，

$$\int_x^{2x+1} \dfrac{1}{t^2+1}\, dt > 0$$

となるので，$f(x) > 0$．

よって，$x > -1$ において，$f(x) = 0$ となる x は存在しない．

（ウ）　$2x+1 < x$，すなわち，$x < -1$ のとき．

$2x+1 < x$，$\dfrac{1}{t^2+1} > 0$ であることから，

$$\int_{2x+1}^{x} \dfrac{1}{t^2+1}\, dt > 0$$

すなわち，

$$-\int_x^{2x+1} \dfrac{1}{t^2+1}\, dt > 0$$

となるので，$-f(x) > 0$，すなわち，$f(x) < 0$．

よって，$x < -1$ において，$f(x) = 0$ となる x は存在しない．

（ア），（イ），（ウ）より，$f(x) = 0$ となる x は -1．　　…（答）

(2)
$$f(x) = \int_x^0 \dfrac{1}{t^2+1}\, dt + \int_0^{2x+1} \dfrac{1}{t^2+1}\, dt$$
$$= -\int_0^x \dfrac{1}{t^2+1}\, dt + \int_0^{2x+1} \dfrac{1}{t^2+1}\, dt$$

であるから，

$$f'(x) = -\frac{1}{x^2+1} + \frac{1}{(2x+1)^2+1} \cdot (2x+1)'$$
$$= -\frac{1}{x^2+1} + \frac{1}{2(2x^2+2x+1)} \cdot 2$$
$$= \frac{-(2x^2+2x+1)+(x^2+1)}{(x^2+1)(2x^2+2x+1)}$$
$$= \frac{-x(x+2)}{(x^2+1)\left\{2\left(x+\frac{1}{2}\right)^2+\frac{1}{2}\right\}} \cdots (*).$$

したがって，$f'(x)=0$ となる x は $-2, 0$. $\cdots$（答）

(3) (2)の($*$)より，$f(x)$ の増減は次のようになる．

x	$\cdots$	-2	$\cdots$	0	$\cdots$
$f'(x)$	$-$	0	$+$	0	$-$
$f(x)$	↘		↗		↘

(1)より，$x<-1$ のとき $f(x)<0$，$x\geqq-1$ のとき $f(x)\geqq0$ であるから，$f(x)$ は $x=0$ で極大かつ最大となる．

ここで，$f(0)=\displaystyle\int_0^1 \frac{1}{t^2+1}\,dt$ であり，$t=\tan\theta$ とおくと，$\dfrac{dt}{d\theta}=\dfrac{1}{\cos^2\theta}$ であるから，$f(x)$ の最大値は，

t	$0 \to 1$
θ	$0 \to \dfrac{\pi}{4}$

$$f(0) = \int_0^{\frac{\pi}{4}} \frac{1}{\tan^2\theta+1} \cdot \frac{1}{\cos^2\theta}\,d\theta$$
$$= \int_0^{\frac{\pi}{4}} \frac{1}{\dfrac{1}{\cos^2\theta}} \cdot \frac{1}{\cos^2\theta}\,d\theta$$
$$= \int_0^{\frac{\pi}{4}} 1\,d\theta$$
$$= \frac{\pi}{4}. \qquad \cdots（答）$$

本問のテーマ

本問は「$\dfrac{d}{dx}\displaystyle\int_a^x g(t)\,dt = g(x)$（$a$ は定数）により導関数を求め，関数の増減を把握することができるか」を確認する問題である．

(1)では $x=-1$ 以外に $f(x)=0$ の解がないことを必ず調べよう．(3)では，(1)により，極大値 $f(0)$ が最大値でもあるといえることを確認しておこう．

2 【解答目安時間　25 分】2009. 同志社大（改）

(1) 不定積分 $\int e^{-x}\sin x\,dx$ を求めよ．

(2) $n=1, 2, 3, \cdots$ に対して，$(n-1)\pi \leqq x \leqq n\pi$ の範囲で，x 軸と曲線 $y=e^{-x}\sin x$ で囲まれる図形の面積を a_n とおく．a_n を n で表せ．

▶解答◀

(1) $I=\int e^{-x}\sin x\,dx$ とおくと，

$$I = e^{-x}\cdot(-\cos x) - \int (-e^{-x})\cdot(-\cos x)\,dx$$

$$= -e^{-x}\cos x - \int e^{-x}\cos x\,dx$$

$$= -e^{-x}\cos x - \left\{ e^{-x}\sin x - \int (-e^{-x})\cdot\sin x\,dx \right\}$$

$$= -e^{-x}\cos x - e^{-x}\sin x - \int e^{-x}\sin x\,dx$$

$$= -e^{-x}\cos x - e^{-x}\sin x - I.$$

よって，$I = -e^{-x}\cos x - e^{-x}\sin x - I$．

したがって，$I = -\dfrac{e^{-x}}{2}(\sin x + \cos x) + C$（$C$ は積分定数）．　…（答）

(2) $e^{-x} > 0$ より，$(n-1)\pi \leqq x \leqq n\pi$ において，n が奇数ならば $e^{-x}\sin x \geqq 0$，n が偶数ならば $e^{-x}\sin x \leqq 0$ である．このことから，

$$n \text{ が奇数ならば } a_n = \int_{(n-1)\pi}^{n\pi} e^{-x}\sin x\,dx,$$

$$n \text{ が偶数ならば } a_n = -\int_{(n-1)\pi}^{n\pi} e^{-x}\sin x\,dx$$

すなわち，

$$a_n = (-1)^{n-1}\int_{(n-1)\pi}^{n\pi} e^{-x}\sin x\,dx \cdots (*).$$

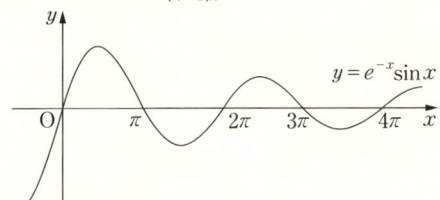

（*）と(1)，および，整数 k に対して $\sin k\pi = 0$，$\cos k\pi = (-1)^k$ となることより，

$$a_n = (-1)^{n-1} \cdot \left[-\frac{e^{-x}}{2}(\sin x + \cos x) \right]_{(n-1)\pi}^{n\pi}$$

$$= (-1)^{n-1} \cdot \left\{ -\frac{e^{-n\pi}}{2} \cdot (-1)^n + \frac{e^{-(n-1)\pi}}{2} \cdot (-1)^{n-1} \right\}$$

$$= (-1)^{n-1} \cdot \frac{(-1)^{n-1} \cdot e^{-n\pi}}{2} \cdot (1+e^\pi)$$

$$= \frac{1+e^\pi}{2e^{n\pi}}. \qquad \cdots \text{(答)}$$

> **本問のテーマ**
>
> 　本問は「指数関数と三角関数の積で表される式を積分することができるか」を確認する問題である．
>
> 　**解答**の(1)にあるような積分の計算が身についているかを確認しておこう．また，(2)で a_n を求める式を立てる際に，n が偶数であるか奇数であるかの場合分けをすることになるが，(∗)のように $(-1)^{n-1}$ を掛けた形の式を立てることで，その場合分けをせずとも a_n が求められることを確認しておこう．

（補足） $(e^{-x}\sin x)' = -e^{-x}\sin x + e^{-x}\cos x$, $(e^{-x}\cos x)' = -e^{-x}\sin x - e^{-x}\cos x$
の2式を加えて，$e^{-x}\sin x = -\dfrac{1}{2}\{(e^{-x}\sin x)' + (e^{-x}\cos x)'\}$ を得ると，

$$e^{-x}\sin x = \left\{ -\frac{e^{-x}}{2}(\sin x + \cos x) \right\}'$$

となることがわかり，(1)の結果が得られる．(1)の不定積分はこのように求めてもよい．

（補足） $\displaystyle\int_{(n-1)\pi}^{n\pi} e^{-x}\sin x\, dx$ において，$x = t + (n-1)\pi$ とおくと，

$$\int_{(n-1)\pi}^{n\pi} e^{-x}\sin x\, dx = \int_0^\pi e^{-\{t+(n-1)\pi\}} \sin\{t+(n-1)\pi\} \cdot 1\, dt$$

$$= e^{-(n-1)\pi} \cdot (-1)^{n-1} \int_0^\pi e^{-t}\sin t\, dt$$

となり，$\displaystyle\int_0^\pi e^{-t}\sin t\, dt$ さえ求めれば a_n が求まる式が得られる．a_n はこの式から求めてもよい．なお，$x = t + (n-1)\pi$ という置換は，積分変数の変換後に積分区間を $0 \leq t \leq \pi$ にするために行った置換である．

3 【解答目安時間 25分】2014. 慶應義塾大

座標空間内の3点 A(1, 0, 1), B(0, 2, 3), C(0, 0, 3) と原点 O を頂点とする四面体 OABC について考える.

四面体 OABC を平面 $z=t$ $(0<t<3)$ で切ったときの切り口の面積を $f(t)$ とする. $0<t\leq 1$ のとき $f(t)=\boxed{ア}$ である. また, $1<t<3$ のとき平面 $z=t$ と辺 AB の交点の座標は $\boxed{イ}$ となり, $f(t)=\boxed{ウ}$ となる.

次に, 四面体 OABC において, 2つの平面 $z=t$ を $z=t+2$ $(0<t<1)$ の間にはさまれた部分の体積を $g(t)$ とすると, その導関数は $g'(t)=\boxed{エ}$ であり, $g(t)$ は $t=\boxed{オ}$ のとき最大値をとる.

▶ 解答 ◀

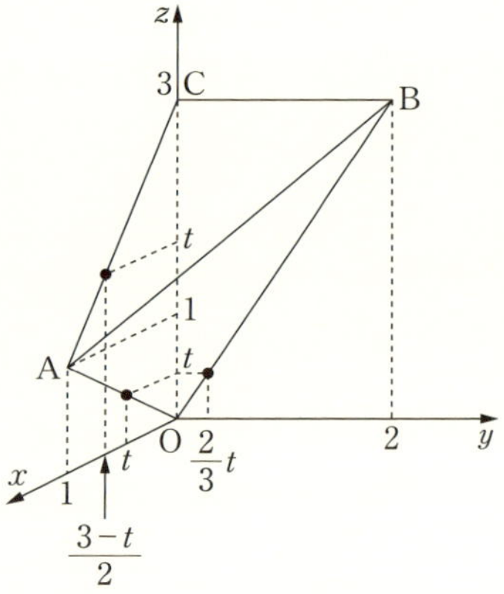

直線 OA と平面 $z=t$ の交点の座標は $(t, 0, t)$,
直線 OB と平面 $z=t$ の交点の座標は $\left(0, \dfrac{2}{3}t, t\right)$.
よって, $0<t\leq 1$ のとき

$$f(t)=\dfrac{1}{2}\cdot t\cdot \dfrac{2}{3}t$$
$$=\boxed{\dfrac{1}{3}t^2}^{ア}.$$

次に, 直線 AB と平面 $z=t$ の共有点を P とする. 点 P は直線 AB 上にあるから,
$\overrightarrow{OP}=\overrightarrow{OA}+k\overrightarrow{AB}$ （k は実数）
と表せる. このことと $\overrightarrow{AB}=(-1, 2, 2)$ であることから,

$$\overrightarrow{OP}=(1, 0, 1)+k(-1, 2, 2)$$
$$=(1-k, 2k, 1+2k)\cdots①.$$

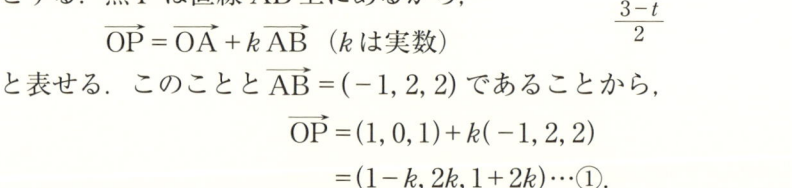

点 P は平面 $z=t$ 上にもあるから, $1+2k=t$, すなわち, $k=\dfrac{t-1}{2}$.
このことと①より, $\overrightarrow{OP}=\left(\dfrac{3-t}{2}, t-1, t\right)$ となるので, 点 P の座標は
$$\boxed{\left(\dfrac{3-t}{2}, t-1, t\right)}^{イ}.$$

また, 直線 AC と平面 $z=t$ の交点の座標は $\left(\dfrac{3-t}{2}, 0, t\right)$.
よって, $1<t<3$ のとき, 四面体 OABC を平面 $z=t$ で切ったときの切り

98

口は右の図のような台形になる．よって，$1<t<3$ のとき

$$f(t) = \frac{1}{2} \cdot \frac{3-t}{2} \cdot \left\{\frac{2}{3}t + (t-1)\right\}$$
$$= \boxed{\frac{1}{12}(3-t)(5t-3)}^{ウ}.$$

以上のことから，

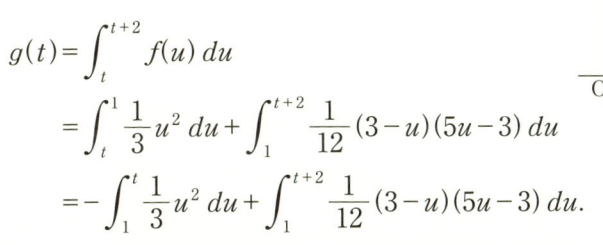

$$g(t) = \int_t^{t+2} f(u)\,du$$
$$= \int_t^1 \frac{1}{3}u^2\,du + \int_1^{t+2} \frac{1}{12}(3-u)(5u-3)\,du$$
$$= -\int_1^t \frac{1}{3}u^2\,du + \int_1^{t+2} \frac{1}{12}(3-u)(5u-3)\,du.$$

よって，

$$g'(t) = -\frac{1}{3}t^2 + \frac{1}{12}\{3-(t+2)\}\{5(t+2)-3\}\cdot(t+2)'$$
$$= -\frac{1}{3}t^2 + \frac{1}{12}(1-t)(5t+7)\cdot 1$$
$$= \boxed{-\frac{1}{12}(t+1)(9t-7)}^{エ}.$$

したがって，$g(t)$ の増減は次のようになる．

t	0	$\cdots$	$\frac{7}{9}$	$\cdots$	1
$g'(t)$		+	0	−	
$g(t)$		↗		↘	

よって，$g(t)$ は $t = \boxed{\dfrac{7}{9}}^{オ}$ のとき最大値をとる．

> **本問のテーマ**
>
> 　本問は「立体の断面を適切に把握して，定積分により体積を求めることができるか」を確認する問題である．
>
> 　**解答**のように，直線 AB と平面 $z=t$ と交点の座標をベクトルを用いて求める方法を確認しておこう．また，$0<t<1$ のとき，$t<1<t+2$ であるから，$g(t)$ を積分区間を分けて表すことも確認しておこう．

4【解答目安時間　25分】

$I_n = \int_0^1 x^n e^{-x}\, dx \ (n=1, 2, 3, \cdots)$ とする.

(1) I_1 を求めよ. また, I_{n+1} を I_n, n を用いて表せ.

(2) $\displaystyle\lim_{n\to\infty}\frac{I_n}{n!}=0$ を示せ.

(3) $\displaystyle\sum_{n=0}^{\infty}\frac{1}{n!}$ を求めよ.

▶ **解答** ◀

(1)
$$I_1 = \int_0^1 x e^{-x}\, dx$$
$$= [x \cdot (-e^{-x})]_0^1 - \int_0^1 1 \cdot (-e^{-x})\, dx$$
$$= -\frac{1}{e} - [e^{-x}]_0^1$$
$$= 1 - \frac{2}{e}. \qquad \cdots (答)$$

また,
$$I_{n+1} = \int_0^1 x^{n+1} e^{-x}\, dx$$
$$= [x^{n+1} \cdot (-e^{-x})]_0^1 - \int_0^1 (n+1)x^n \cdot (-e^{-x})\, dx$$
$$= -\frac{1}{e} + (n+1)\int_0^1 x^n e^{-x}\, dx$$
$$= -\frac{1}{e} + (n+1)I_n$$

であるから, $\boldsymbol{I_{n+1} = (n+1)I_n - \dfrac{1}{e}} \cdots ①$. 　　　…(答)

(2)(証明)

$0 \leq x \leq 1$ のとき, $0 < e^{-x} \leq 1$ であるから, $0 \leq x^n e^{-x} \leq x^n$ が成り立つ. ただし, いずれの等号も $0 \leq x \leq 1$ でつねには成り立たない.

よって,
$$0 < \int_0^1 x^n e^{-x}\, dx < \int_0^1 x^n\, dx$$

が成り立つ. このことから,

$$0 < I_n < \left[\frac{x^{n+1}}{n+1}\right]_0^1$$

すなわち，

$$0 < I_n < \frac{1}{n+1}.$$

これより，$0 < \dfrac{I_n}{n!} < \dfrac{1}{n!} \cdot \dfrac{1}{n+1}$ である．さらに，$\dfrac{1}{n!} \cdot \dfrac{1}{n+1} < \dfrac{1}{n+1}$ より，

$$0 < \frac{I_n}{n!} < \frac{1}{n+1} \cdots ②.$$

$\displaystyle\lim_{n\to\infty} 0 = 0$，$\displaystyle\lim_{n\to\infty} \frac{1}{n+1} = 0$ なので，②より，$\displaystyle\lim_{n\to\infty} \frac{I_n}{n!} = 0$ が成り立つ．

(証明終)

(3) (1)の①の両辺を $(n+1)!$ で割ると，$\dfrac{I_{n+1}}{(n+1)!} = \dfrac{I_n}{n!} - \dfrac{1}{e} \cdot \dfrac{1}{(n+1)!}.$

これより，数列 $\left\{\dfrac{I_n}{n!}\right\}$ の階差数列の一般項は $-\dfrac{1}{e} \cdot \dfrac{1}{(n+1)!}$ であるから，$n \geq 2$ のとき，

$$\frac{I_n}{n!} = \frac{I_1}{1!} + \sum_{k=1}^{n-1}\left\{-\frac{1}{e} \cdot \frac{1}{(k+1)!}\right\}$$

$$= I_1 - \frac{1}{e}\sum_{k=1}^{n-1} \frac{1}{(k+1)!}$$

$$= \left(1 - \frac{2}{e}\right) - \frac{1}{e}\sum_{k=2}^{n} \frac{1}{k!}$$

$$= 1 - \frac{1}{e}\sum_{k=0}^{n} \frac{1}{k!}.$$

したがって，$n \geq 2$ のとき，$\displaystyle\sum_{k=0}^{n} \frac{1}{k!} = e - e \cdot \frac{I_n}{n!}.$

このことと(2)より，$\displaystyle\lim_{n\to\infty}\sum_{k=0}^{n} \frac{1}{k!} = e$，すなわち，$\displaystyle\sum_{n=0}^{\infty} \frac{1}{n!} = e.$ …(答)

本問のテーマ

　本問は「定積分から漸化式を導き，無限級数を求めることができるか」を確認する問題である．

　(2)において，I_n についての不等式を利用することで I_n を含む式の極限が求まることを確認しておこう．さらに，(3)において，求める無限級数の部分和が①の漸化式から得られることを確認しておこう．

5 【解答目安時間 25分】 2005. 東京大

関数 $f(x)$ を $f(x)=\dfrac{1}{2}x\{1+e^{-2(x-1)}\}$ とする．ただし，e は自然対数の底である．

(1) $x>\dfrac{1}{2}$ ならば $0\leqq f'(x)<\dfrac{1}{2}$ であることを示せ．

(2) x_0 を正の数とするとき，数列 $\{x_n\}$ $(n=0, 1, \cdots)$ を，$x_{n+1}=f(x_n)$ によって定める．$x_0>\dfrac{1}{2}$ であれば，$\lim_{n\to\infty}x_n=1$ であることを示せ．

— ▶ 解答 ◀ —

(1)（証明）

$$f'(x)=\dfrac{1}{2}\{1+(1-2x)e^{-2(x-1)}\}\text{であるから，}f''(x)=2(x-1)e^{-2(x-1)}.$$

よって，$x>\dfrac{1}{2}$ における $f'(x)$ の増減は次のようになる．

x		$\dfrac{1}{2}$	$\cdots$	1	$\cdots$
$f''(x)$			$-$	0	$+$
$f'(x)$			$\searrow$	0	$\nearrow$

また，$\dfrac{1}{2}-f'(x)=\dfrac{1}{2}(2x-1)e^{-2(x-1)}$ となることから，$x>\dfrac{1}{2}$ のとき，$\dfrac{1}{2}-f'(x)>0$ となる．

以上のことから，$x>\dfrac{1}{2}$ ならば $0\leqq f'(x)<\dfrac{1}{2}$ である．　　（証明終）

(2)（証明）

(1)より，$x>\dfrac{1}{2}$ において $f(x)$ は増加する．このことと $f\left(\dfrac{1}{2}\right)=\dfrac{1+e}{4}$ であることから $f(x)>\dfrac{1+e}{4}$ となり，$\dfrac{1+e}{4}>\dfrac{1}{2}$ であるから「$x>\dfrac{1}{2}$ において $f(x)>\dfrac{1}{2}\cdots(\ast)$」となる．$x_0>\dfrac{1}{2}$，$x_{n+1}=f(x_n)$ $(n=0, 1, \cdots)$ より，$(\ast)$から，帰納的に，「$x_n>\dfrac{1}{2}$ $(n=0, 1, \cdots)\cdots(\ast)'$」となる．

さらに，$x>\dfrac{1}{2}$ において $f(x)$ が増加することと $f(1)=1$ であることから，「$x>\dfrac{1}{2}$ において，$f(x)=1$ となる条件は $x=1\cdots(\ast\ast)$」である．

(ア) $\dfrac{1}{2}<x_0<1$ または $1<x_0$ のとき．

$x_{n+1}=f(x_n)$ $(n=0, 1, \cdots)$ より，(＊)′，および，(＊＊)から，帰納的に，$x_n \neq 1 (n=0, 1, \cdots)$ である．よって，平均値の定理より，すべての 0 以上の整数 n に対して

$$\frac{f(x_n)-f(1)}{x_n-1} = f'(c_n) \cdots ①$$

を満たす c_n が x_n と 1 の間に存在する．

$x_{n+1}=f(x_n)$ と $f(1)=1$ より，①から

$$\frac{x_{n+1}-1}{x_n-1} = f'(c_n).$$

$$x_{n+1}-1 = f'(c_n)(x_n-1).$$

よって，

$$|x_{n+1}-1| = |f'(c_n)(x_n-1)|.$$
$$|x_{n+1}-1| = |f'(c_n)||x_n-1| \cdots ②$$

c_n は x_n と 1 の間にあるから，(＊)′ より，$c_n > \frac{1}{2}$ $(n=0,1,\cdots)$．
よって，(1)から，$|f'(c_n)| < \frac{1}{2}$ $(n=0,1,\cdots)$ であるので，②より，

$$|x_{n+1}-1| < \frac{1}{2}|x_n-1| \ (n=0,1,\cdots).$$

以上のことから，$0 < |x_n-1| < \left(\frac{1}{2}\right)^n |x_0-1| \cdots ③$ となる．

$\lim_{n\to\infty} 0 = 0$，$\lim_{n\to\infty} \left(\frac{1}{2}\right)^n |x_0-1| = 0$ より，③から，$\lim_{n\to\infty} |x_n-1| = 0$．
すなわち，$\lim_{n\to\infty} x_n = 1$ が成り立つ．

(イ) $x_0 = 1$ のとき．

$x_{n+1}=f(x_n)$ $(n=0, 1, \cdots)$，および，$f(1)=1$ であることから，帰納的に，$x_n = 1 (n=0, 1, \cdots)$ であるので，$\lim_{n\to\infty} x_n = 1$ が成り立つ．

(ア)，(イ)より，$x_0 > \frac{1}{2}$ であれば，$\lim_{n\to\infty} x_n = 1$ である． (証明終)

> **本問のテーマ**
>
> 本問は「漸化式に対して平均値の定理を活用することで，数列の極限を求めることができるか」を確認する問題である．
>
> (2)の(イ)で**解答**のように平均値の定理を用いて不等式を作る過程を確認しておこう．また，$x_n = 1$ となるような n に対しては①を立式することができないので，(2)は(ア)，(イ)のような場合分けが必要となる．

6 【解答目安時間　20分】1997. 早稲田大

座標平面上の円 $C: x^2+y^2=9$ の内側を半径 1 の円 D が滑らずに転がる．時刻 t において D は点 $(3\cos t, 3\sin t)$ で C に接しているとする．

(1) 時刻 $t=0$ において点 $(3, 0)$ にあった D 上の点 P の時刻 t における座標 $(x(t), y(t))$ を求めよ．ただし，$0 \leq t \leq \dfrac{2\pi}{3}$ とする．

(2) $0 \leq t \leq \dfrac{2\pi}{3}$ の範囲で点 P の描く曲線の長さを求めよ．

―▶解答◀―

(1)

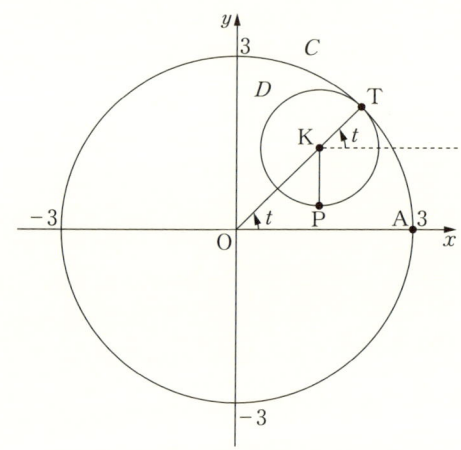

A(3, 0), T(3cos$t$, 3sin$t$), K(2cos$t$, 2sin$t$) とすると，T(3cos$t$, 3sin$t$) より，∠AOT = t である．

D は C の内側を滑らずに転がるから，弧 AT の長さと弧 PT の長さは等しいので，$3t = 1 \cdot \angle \text{TKP}$，すなわち，∠TKP = $3t$．

よって，半直線 KP が x 軸の正の部分となす角は，$t - 3t = -2t$．

以上のことから，
$$\vec{OP} = \vec{OK} + \vec{KP}$$
$$= (2\cos t, 2\sin t) + (\cos(-2t), \sin(-2t))$$
$$= (2\cos t, 2\sin t) + (\cos 2t, -\sin 2t)$$
$$= (2\cos t + \cos 2t, 2\sin t - \sin 2t).$$

したがって，点 P の時刻 t における座標は
$$(2\cos t + \cos 2t,\ 2\sin t - \sin 2t). \quad \cdots(\text{答})$$

(2) (1)の $x(t)$, $y(t)$ を用いると,
$$x(t) = 2\cos t + \cos 2t, \quad y(t) = 2\sin t - \sin 2t$$
であるから,
$$\frac{d}{dt}x(t) = -2\sin t - 2\sin 2t, \frac{d}{dt}y(t) = 2\cos t - 2\cos 2t$$
となるので,
$$\left\{\frac{d}{dt}x(t)\right\}^2 + \left\{\frac{d}{dt}y(t)\right\}^2$$
$$= (-2\sin t - 2\sin 2t)^2 + (2\cos t - 2\cos 2t)^2$$
$$= 4(\sin^2 t + \cos^2 t) + 4(\sin^2 2t + \cos^2 2t) - 8(\cos 2t \cos t - \sin 2t \sin t)$$
$$= 4 + 4 - 8\cos(2t+t)$$
$$= 8(1 - \cos 3t).$$
また,
$$\frac{d}{dt}x(t) = -2\sin t - 2 \cdot 2\sin t \cos t$$
$$= -2\sin t(2\cos t + 1)$$
より, $0 < t < \dfrac{2\pi}{3}$ の範囲で $\dfrac{d}{dt}x(t) < 0$ となるので, $0 \leqq t \leqq \dfrac{2\pi}{3}$ の範囲で点Pの x 座標は減少する.

したがって, $0 \leqq t \leqq \dfrac{2\pi}{3}$ の範囲で点Pの描く曲線の長さは
$$\int_0^{\frac{2\pi}{3}} \sqrt{8(1-\cos 3t)}\, dt = \int_0^{\frac{2\pi}{3}} \sqrt{8 \cdot 2\sin^2 \frac{3}{2}t}\, dt$$
$$= \int_0^{\frac{2\pi}{3}} 4\left|\sin \frac{3}{2}t\right| dt$$
$$= \int_0^{\frac{2\pi}{3}} 4\sin \frac{3}{2}t\, dt$$
$$= \left[-\frac{8}{3}\cos \frac{3}{2}t\right]_0^{\frac{2\pi}{3}}.$$
$$= \frac{16}{3}. \qquad \cdots(\text{答})$$

> **本問のテーマ**
>
> 　本問は「x軸の正の部分となす角を媒介変数として, 動点の座標を媒介変数表示することができるか」を確認する問題である.
>
> 　(1)のように, ベクトルが x 軸の正の部分となす角に着目して点Pの座標を求める過程を確認しておこう.

問題のテーマ一覧

第 1 章　複素数平面

1. ド・モアブルの定理により複素数の整数乗の値を求めることができるか．
2. 複素数についての等式から，複素数平面上における点の位置関係を把握できるか．
3. 絶対値や偏角に着目して，複素数についての方程式にアプローチできるか．
4. ある図形上を動く点 P(z) があるとき，それにともなって動く点 Q(w) が描く図形を把握できるか．
5. 絶対値や共役な複素数の性質を活用して，複素数が実数となる条件を求めることができるか．
6. 半直線のなす角に着目して，動点がどのような図形上にあるかを把握できるか．

第 2 章　2 次曲線

1. 楕円の定義に基づいて，動点の軌跡が楕円であるとわかるか．
2. 双曲線に関する基本公式が活用できるか．
3. 放物線の定義に基づいて，放物線に関する図形的な考察ができるか．
4. 極座標が活用できるか．

第 3 章　関数

1. グラフ利用して不等式を解くことができるか．
2. グラフに関する条件から，分数関数の式を決定することができるか．
3. 逆関数のグラフの性質を活用できるか．
4. 合成関数に関する方程式の実数解の個数を，関数のグラフを利用して，求めることができるか．

第 4 章　数列の極限

1. 数列の極限において，収束するか否かを判断できるか．
2. 数列 $\{r^n\}$ の極限が r の値の範囲によって異なることと，そのことを適切に活用できるか．
3. 規則に従って作られる図形同士の関係性がわかるか．

4 漸化式を用いて不等式を作り，はさみうちの原理により数列の極限を求めることができるか．

▶ 第 5 章　関数の極限 ◀

1 三角関数を含む式の極限，および，e を含む式の極限を求めることができるか．
2 図形に関する数量を式で表して，極限を求めることができるか．
3 極限が収束するために必要な条件を把握し，分数式の極限が収束するための必要十分条件を求めることがきるか．
4 関数が連続であるための条件を適切に立式できるか．

▶ 第 6 章　微分法 ◀

1 ある点から曲線の接線が引ける条件を求めることができるか．
2 導関数の符号の変化に着目して，関数が極大値をもつ条件を求めることができるか．
3 適切な関数を利用して数の大小を比較することができるか．
4 関数の増減を調べて不等式を導くことができるか．

▶ 第 7 章　積分法 ◀

1 置換積分法を的確に利用できるか．
2 2つの曲線で囲まれた部分の面積を求めるときに，自ら共有点の x 座標をおくことで，面積を求める式を計算できるか．
3 y 軸のまわりの回転体の体積を置換積分を活用して求めることができるか．
4 区分求積法によって極限を求めることができるか．
5 絶対値記号を含む関数の定積分を求めることができるか．
6 部分積分法を利用して定積分に関する漸化式を導くことができるか．
7 $\sin^n x$ の定積分に関する漸化式を導くことができるか．
8 定積分についての不等式を立てることで，与えられた和の値の範囲を求めることができるか．

第8章　微積分総合

1. $\dfrac{d}{dx}\displaystyle\int_a^x g(t)\,dt = g(x)$（$a$ は定数）により導関数を求め，関数の増減を把握することができるか．
2. 指数関数と三角関数の積で表される式を積分することができるか．
3. 立体の断面を適切に把握して，定積分により体積を求めることができるか．
4. 定積分から漸化式を導き，無限級数を求めることができるか．
5. 漸化式に対して平均値の定理を活用することで，数列の極限を求めることができるか．
6. x 軸の正の部分となす角を媒介変数として，動点の座標を媒介変数表示することができるか．

▶著者プロフィール◀

秦野 透（はたの とおる）

河合塾数学科講師．専攻は代数的整数論．
高校数学の初学者から大学受験生まで幅広く指導する傍ら，模擬試験や教材の作成，および保護者への講演など，多方面から大学受験に携わる．
著書に，『数Ⅲ定理・公式ポケットリファレンス』（技術評論社）がある．

数Ⅲ攻略精選問題集 40
2014年10月10日　初 版　第1刷発行

著 者　秦野 透
発行者　片岡 巌
発行所　株式会社技術評論社
　　　　東京都新宿区市谷左内町21-13
　　　　　電話　03-3513-6150　販売促進部
　　　　　　　　03-3267-2270　書籍編集部
印刷／製本　昭和情報プロセス株式会社

定価はカバーに表示してあります。

本書の一部または全部を著作権法の定める範囲を超え、無断で複写、複製、転載、テープ化、ファイルに落とすことを禁じます。
©2014 Toru Hatano

造本には細心の注意を払っておりますが、万一、乱丁（ページの乱れ）や落丁（ページの抜け）がございましたら、小社販売促進部までお送りください。送料小社負担にてお取り替えいたします。

●装丁　下野ツヨシ（ツヨシ＊グラフィックス）
●本文デザイン、DTP　株式会社 RUHIA

ISBN978-4-7741-6715-2　C7041

Printed in Japan